La petite pharmacie naturelle

大自然的精神

对于我们普罗众生而言，世俗的生活处处显示出作为人的局限，我们无法逃脱不由自主的人类中心论，确实如此。而事实上，人类的历史精彩纷呈，仿佛层层的套娃一般，一个个故事和个体的命运都隐藏在家族传奇或集体的冒险之中，尔后，又通通被历史统揽。无论悲剧，抑或喜剧，无论庄严高尚、决定命运的大事，抑或无足轻重的琐碎小事，所有的生命相遇交叠，共同编织"人类群星闪耀时"的锦缎，绘就丰富、绚丽的人类史画卷。

当然，这一切都植根于大自然之中，人类也是自然中不可或缺的一部分。因此，每当我们提及"自然"，就"自然而然"地要谈论人类与植物、动物以及环境的关系。在这个意义上说，最微小的昆虫也值得书写它自己的篇章，最不起眼的植物也可以铺陈它那讲不完的故事。因之投以关注，当一回不速之客，闯入它们的世界，俯身细心观察，侧耳倾听，那真是莫大的幸福。对于好奇求知的人来说，每样自然之物就如同一个宝盒，其中隐藏着无穷的宝藏。打开它，欣赏它，完毕，再小心翼翼地扣上盒盖儿，踮着脚尖，走向下一个宝盒。

"植物文化"系列正是因此而生，冀与所有乐于学习新知的朋友们共享智识的盛宴。

塞尔日·沙

La petite pharmacie naturelle

药用植物

[法] 塞尔日·沙 著

石贝 译

生活·讀書·新知 三联书店

目 录

序言 6

医学简史 9
　医学的起源 10
　西方医学 14
　体液说 16
　形信号论 21
　大众化的医药 23
　药典 26
　21世纪的植物 29

略观天赐小药房 33
　蒜 34
　北艾 36
　菜蓟 38
　山楂 40
　牛蒡 42
　毛蕊 44
　山地石楠 46
　香樟 48
　长角豆 50
　黑加仑 52
　水飞蓟 54
　绊根草 56

　葡萄叶铁线莲 58
　虞美人 60
　地中海柏 62
　狗蔷薇 64
　桉属 66
　无花果 70
　球果紫堇 72
　酸刺柏 74
　银杏 76
　蒲桃丁香 80
　石榴 82
　欧锦葵 84
　枣树 86
　月桂 88
　薰衣草属 90
　乳香黄连木 92
　常春藤 94
　互叶白千层树 96
　贯叶连翘 98
　香桃木 100
　胡桃 104
　油橄榄 106
　酸橙 108
　异株荨麻 110

欧洲赤松 ………………… 112	撒尔维亚 ………………… 134
车前属 …………………… 116	白柳 ……………………… 136
马齿苋 …………………… 118	欧洲接骨木 ……………… 138
地问荆 …………………… 120	椴树属 …………………… 140
金鸡纳属 ………………… 122	**法国2008年规定无须医生处方的**
光果甘草 ………………… 124	**药草名单** …………………… 144
迷迭香 …………………… 126	术语表 …………………… 148
木莓 ……………………… 128	
芸香 ……………………… 130	作者简介 ………………… 150
穗拔葵 …………………… 132	

序言

开卷有益

看过医生，从院方拿回自己的医保卡，求医过程似乎就结束了，其实不然。结束的只是其中的一部分，病人与医生仍存在着不会消失的关联。诸如家庭医生、转诊手续等名目的存在，可能会使人们认为自己是在与一个"全新的"、近期才形成的体系打交道。其实，这个体系属于人类活动的一个特定领域。此领域是长期的，可以说是极其漫长的和连续不断的存在，是通过数千年知识的传承形成的。这个领域就是医学。

自从人类出现在地球上以来，或者说至少是自从人类开始了解自己厕身其中的世界以来，便一直面临着解决饥渴、防范危险、治病疗伤的持续压力，并为着自身的生存和绵延后代与这些压力抗争。为此，人类使用了所有的可用手段，涉及种种动物、矿物和植物的使用。就作为治病疗伤之用的医药部分而言，植物一直是最适用的，有的可以直接使用，有的则需要经过加工。

在世界的任何地方，人类的知识都无不先由某人或某几个人获得，然后再与已有的知识融合起来并在世间交流。每个人都有自己的信仰和知识，并用以指导观察和体验。最古老的书卷多为古代知识的汇总，今人拜读它们常萌生知会于心之感。而阴魂不散的迷信观念和为满足非常态病人的出格要求与期望（自古至今一向如是），也会导致医务界做出大量蠢事和说出不少蠢话。今天，我们的医药事业拓展得异常广阔，但其中也有一些将来无疑会沦为笑柄。古代医生宽广的视野、利用植物的精妙能力、观察世界的敏锐感觉和医疗诊断的准确得当，每每令后人心驰神往。20世纪的科学研究，往往只是对先人当年所提出观念的证实，他们的高瞻远瞩实在令我们钦服。本序言正是一个向他们表示敬忱的机会。我们要感谢这些古代医生还有一个原因，那就是如果没有他们，天晓得今天会不会有吾侪之存在呢！在此作者先要申明，后文在介绍古人总结出的知识时，鄙人不会发任何不敬之言。有关植物的药用知识就像"华容道"这一滑块游戏那样，需要人们不懈地努力去攻克难关。不过大家将各个小块移来移去地试了这么久，迄今可还没有将最大的一块成功地从缺口取出呢。

塞尔日·沙

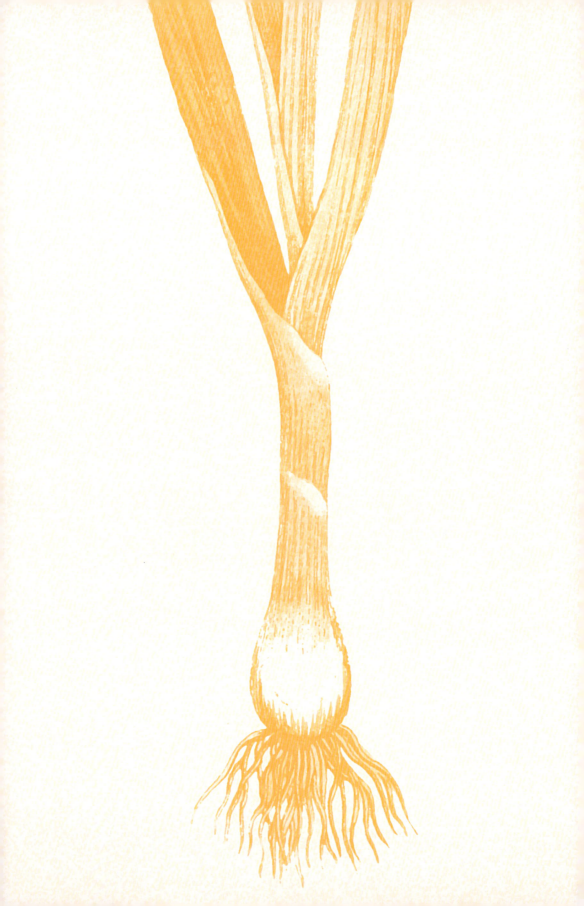

医学简史

医学的起源 10
西方医学 14
体液说 16
形信号论 21
大众化的医药 23
药典 26
21世纪的植物 29

医学的起源

法老时代的医学知识

如果认为介绍医学知识的方式应以尽可能保持其连续性为宜，那么将中世纪作为出发点就很合宜，因为该时期在继承了所有得到保存的古代医学知识的基础上，做到了不间断地一路延续，并与当今这个时代衔接到了一起。

最早证明人类已能利用植物治病的文字资料，来自公元前3000—前1000年间苏美尔文明时期形成的黏土记事板。另外，在埃及现名卢克索（Louxor，注释中的外文姓氏和地名除与法国有关的仍用法文外，其他的均用英文或拉丁文附上。——译注）的地方发现的著名的埃伯斯纸草卷〔因一度拥有此物的埃及学学者兼作家、德国人格里奥格·埃伯斯（Georg Moritz Ebers, 1837—1898）的姓氏得名。——译注〕，据考证形成于公元前18世纪，其中记述那个法老时代的内科学与外科学知识的部分，就包括有药物的制备与使用的内容，有的更可追溯到公元前2500年。

中东巴比伦尼亚地区（Babylone）的医生一直为生活在两河流域的人与他们所饲养家畜的健康做出努力。有一本题为《诊治手册》的书，是公元前1000年之前

植物可用于治病的信念在远古时便已萌生

所有医科书中保存至后世的最完整的文本，编撰者为古代著名学者伊塞吉-金-纳波利（Esagil-kin-apli）。根据此书可以推断，巴比伦尼亚人对疾病的诊断和治疗方法与埃及人相同，而且也和埃及人一样，持经验主义立场并抱有迷信观念。

在公元前第二个和第一个千禧年之间，印度和中国的知识也传播到了欧洲。对促进知识的扩充和发展，作为远东和西方之间沟通枢纽的波斯起了重要作用。

希波克拉底使医学脱离迷信与巫术，给后世的医生开辟出新路

朝现代方向迈出的一大步

只要无意抹杀古代医生群体的贡献，就必须提及古希腊人，特别是其中被认为是医学之父的希波克拉底（Hippocrate，公元前460—前377）。这并非由于他比其他人更聪明，也并非他有更多的著述，而是因为他率先摈弃了该领域中的巫术与宗教沿袭，将医学引领到科学探查的方向上。这是非常重要的。从那以后，迷信就只是法师、术士和后来滋生的巫婆与神汉们搞出的名堂。他总结归纳出了符合理性的医学理论——体液说（见后文"体液说"一节）。该理论在欧洲一直流行到18世纪。此外，他的医学理论还将饮食与卫生联系到一起，并在后来又得到盖伦（Claude Galien，约公元130—201）的进一步发展。

将疾病分为急性病、慢性病、地方病与流行病，也是希波克拉底的贡献。他还给出了大量医学词语，如消肿、复发、危险期、高峰期、恢复期等。它们一直为后世沿用。

大约在公历纪元开始时，罗马人塞尔苏斯（Aulus Cornelius Celsus）写就了《医术》一书，对古代医疗知识做了很有价值的汇总。公元1世纪时，另一位罗马人老普林尼（Pline l'Ancien）在其卓越著述《博物志》中，收入了当时已知的所有医药知识。此书经过了许多人的辗转传抄,一直流传到文艺复兴时期。老普林尼的同代人、在罗马军团任军医的希腊医生狄奥斯科里迪斯(Pedanius Dioscoride),则撰写出极富药用植物知识的重要著作《药物论》。罗马人虽说此时是整个地中海地区的霸主,但药物知识基本上仍只为希腊人掌握着。在随后的一个世纪里,出现了一位医药学之父。他就是盖伦,是希腊人,也是名医生。他的著述被沿用了 15 个世纪之久。

在公元前 3 世纪的埃及,以亚历山大城(Alexandrie)为中心的医学学派享有解剖学领域的领先地位。在这座城市及其著名的图书馆齐遭焚毁之后,君士坦丁堡(Constantinople)便取而代之,成为公元 4 世纪至 7 世纪的医学中心。随着罗马帝国走向衰落,古罗马和古希腊的科学也在公元 6 世纪失去了光焰。科学的停滞导致巫术卷土重来,蒙昧和迷信又重新占据主导地位。理性不见了,不过所幸并没有当真消亡。

波斯人和阿拉伯人的医学

基督教教义要求人们相敬相爱和救难济贫。基督教的修士们一直就是这样做的,这便导致修道院中设有施医济药的机构。修道院中所用的药物主要来自植物,也就是所谓"本草",种植在修道院的药草圃中;医疗操作则是用药加祈祷。教宗奥诺里乌斯三世(Honorius Ⅲ)于 1220 年颁布律令,规定神职人员不得行医。这一禁令虽然只在各修道院得到不同程度的遵从,但从此使医疗学和医药学双双跨出了

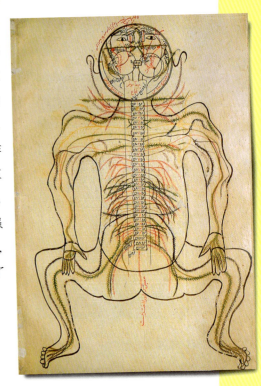

东方人擅长医学实践。此图复制于波斯内科医生与解剖学家曼苏尔·伊本·伊利亚斯(Mansur Ibn Ilyas,1380—1422)的著述《人体解剖》

宗教的藩篱。医疗实践正式走向农村，医学传统便在那里发展下去。与医疗学平行的医药学也有了更亲民的发展基础。

其实，修士们对医疗学和医药学还有其他方面的贡献。公元431年，由君士坦丁堡大主教聂斯脱利（Nestorius）创建的聂斯脱利教派所信奉的教理，在以弗所普教会议〔因该会议在当时的希腊殖民城市、现属土耳其的以弗所（Ephesus）召开而得名。这是一次重要的宗教会议，有约2000名主教出席。——译注〕上被定为异端。该教派的大批信徒被迫流亡，分别来到波斯和埃及。他们在波斯的贡德沙布尔（Jondîshâpûr）和埃及的亚历山大城各建起一所出色的医学学校，遂使古希腊知识得到了保存。他们早已掌握了拉丁文和希腊文，又在新地方学会了阿拉伯文，并将自己的学识用古叙利亚文表述出来。由他们编撰成的《亚历山大文汇》，收进了盖伦的16部著作和希波克拉底的4部著述。

阿维森纳的《医典》一书最早版本的封面。书中给出了760多种药方

到了公元7世纪时，阿拉伯人已经形成了建立在口头辗转相传基础上的"游方医学"。此派医学拥有建立在聂斯脱利派医学和印度阿育吠陀医学基础上的丰富医药知识。公元7世纪伊斯兰教的出现，以及下一个世纪里阿拔斯王朝发起的两次大型征战和随后实现的贸易开放，使各门派医疗学和医药学的丰富知识得以广泛流传。待到第一个千禧年结束时，阿拉伯人已将希腊的医疗学和医药学知识传播开来，并又加进印度的同类知识使之更为丰富。

现代医学是在阿拉伯世界发凡的。当时为数可观的阿拉伯医生写成的医疗学和医药学著述有数百部之多，其中最著名的是波斯医生、《医科全书》和《自诊自疗之书》的作者拉齐斯（本名Al-Razi，拉丁化名字Rhazès，865—932），以及撰写出《医典》一书、书中开列出760多个

> **极力拯救**
>
> 我们永远不可能知道，曾经收藏在亚历山大图书馆里超过 70 万卷的手稿，有多少毁于祝融之灾。应倭马亚王朝哈里发的命令，所有幸免于那场大火的书册，都被翻译并缮写成阿拉伯语并形成副本。在漫长的翻译与抄写过程中，西方和东方的科学知识得到了汇集，包括医疗学和医药学在内的种种知识作为文明遗产得到了保留。

药方的又一位波斯医生阿维森纳（本名 Ibn Sîna，西方通称 Avicenna 或 Avicenne，980—1037）。《医典》一书在公元 1200 年左右由意大利克雷莫纳的杰拉尔德（Gérard de Crémone）翻译成拉丁文，之后长期成为欧洲医疗教学和医药教学的参考书，直到 17 世纪时仍被蒙彼利埃大学和勒芬大学等学校的医学专业沿用。

基督教十字军一次又一次的军事征讨以及蒙古人的入侵，最终导致了阿拔斯王朝的终结。与此同时，伊斯兰教的影响也一路向西扩展，结果是科学中心转移到了西北非的马格里布地区（Maghreb）和欧洲伊比利亚半岛（Péninsule Ibérique）南端的安达卢西亚地区（Andalousie）。阿拉伯医学也是得到扩展的部分；一些著名医生如伊本·苏尔（Abou Merwan ibn Zuhr，西方称 Avenzoar）、阿威罗伊以及医生与药草学家伊本·巴伊塔尔（Ibn al Baytar）等，至今都还为世人铭记着。从埃及到马格里布地区，从伊拉克到叙利亚，对本草的研究一直没有停歇。巴伊塔尔就在他的著名论著《本草论纲》中，描述了 1500 种植物、动物和矿物来源的药物。

西方医学

萨莱诺医学院

正如兴旺的文明难免趋向衰落一样，医学也往往会陷入大起大落的历程。阿拉伯文化在其科学中心移到安达卢西亚地区后，便渐渐步入式微，代之而起的意大利人开始走到医疗学和医药学研究的最前沿。亚平宁半岛南部（Apennin du Sud）一向有求索医学知识的传统。创建于公元 6 世纪的本笃会便是鼓励学习药用植物知识的天主教组织。幸运的是，被翻译成拉丁文的阿拉伯文著述进入了在本笃会创建地卡西诺山（Mont Cassin）建起的隐修院，院里的图书馆通过与北非和西西里岛医药界的大量交流，将丰富的古代知识积累起来。

萨莱诺市也被称为希波克拉底市（Ville d'Hippocrate）。该图摘自某一泥金华丽手抄本，画页上的建筑物便是萨莱诺医学院

　　11世纪末时，意大利南部市镇萨莱诺（Salerne）来了一位被不少人称作"非洲人康斯坦丁"（Constantin l'Africain）的大旅行家、杰出学者兼医生，给欧洲的医学带来了一个重大转折。他来后不久，这里原有的一所医学校便成为欧洲最大的医学院，将伊斯兰教、犹太教和基督教的医疗学及医药学本领融汇到一起，并将卡西诺山隐修院图书馆和许多其他图书馆的书籍聚集一处，把公众发展医学、治疗疾病的共同愿望化为积极实践。

　　这位康斯坦丁将自己生命的最后一段时日用于翻译并综合大量阿拉伯知识的工作，具体体现为完成了一部集翻译与编撰为一体的《医用本草》。萨莱诺的另一名医生马特豪乌斯·普拉提厄里乌斯（Matthaeus Platerarius）也随后撰写了《本草书》。此外还有一位萨莱诺的尼古拉斯（Nicolas de Salerne），也写出了《药草大全》一书。这几部著述成了未来几个世纪欧洲普遍应用的医药学教育与实践的参考书。从12世纪开始，医学院校开始逐渐遍布欧洲各地：蒙彼利埃（Montpellier）——法国最早的医学院就设在这里，大作家拉伯雷（François Rabelais）便来这里学习过。巴黎（Paris）、图卢兹（Toulouse）、博洛尼亚（Bologne）、帕多瓦（Padoue）……也陆续开辟一处又一处出色的植物园。

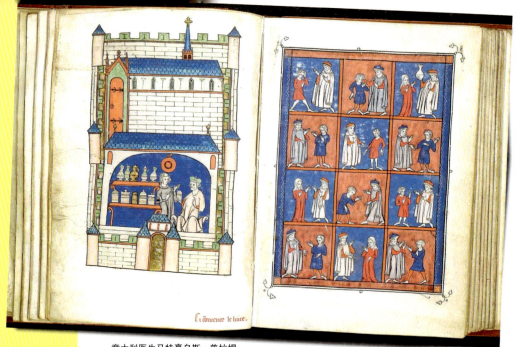

意大利医生马特豪乌斯·普拉提厄里乌斯的著述《本草书》

体液说

建立在"四"上的体系——四液、四素与四性

　　古人所表现出的杰出的认知能力和领悟科学的敏锐直觉，以及无疑也怀有的对美的不懈追求，都一直是得到后人认可的。古人提出了一些理论，虽然证据未必充分，既无法证实也不能推翻，但其基本思想还是可以接受的。体液说就是其中一个。如果要选定一个古代的重要医学理论在本书的第一部分介绍，那就应当是这个体液说。直到 18 世纪之前，它都是医疗实践的出发点，并激发出医药学研究的若干新思路。

　　体液说的提出，功劳最大的是希波克拉底。附带提一句，比他更早的医生都是从中国和印度的医学中汲取灵感的。根据希波克拉底这位古希腊医生的说法，人体内含有四种液体和四样固体——四种液体是血液、黏液、黄胆汁和黑胆汁，四样固体是分别容纳着这四种液体的器官，即心、脑、肝和脾。血液由肝脏产生并被心脏接收；黏液（也有说成垂体分泌物或淋巴）与脑有关；黄胆汁与肝脏有关，黑胆汁来自脾脏。这四个器官又对应着四种叫作"素"的东西——火、水、气与土；而它们又各自对应着四种性质：热、冷、干与湿。（参见本节内的旁附文字。）

每个人的性格各由其体内这四种体液中占据优势的一种来决定：体内黄胆汁多的人就热情、急躁；黑胆汁偏盛的人则趋向悲观与保守；黏液旺的人会冷漠而沉静；血量充盈的人则敏捷好动。

> **细说一二**
>
> 黄胆汁对应着火，具有热性与干性；血液对应着气，具有热性与湿性；黑胆汁对应着土，具有冷性与干性；黏液对应着水，具有冷性与湿性。

四液对四素——这一医学理论倒真的不算复杂

还有一个"四"——四季

古代医生告诉人们，人体液的多寡是随季节而变的：冬天时黏液较多，春季一来血液便转旺，入夏后黄胆汁会增量，到了秋天则黑胆汁占上风。而每个季节自然都与某个"素"关联着——春为气、夏为火、秋为土、冬为水。

在体液说的最后一部分，还将生命与季节挂起钩来。所以如今还有某某人已经进入生命之秋之类的说法，也就不足为奇了。

类似地，一天也有同一年一样的对应。总之，一天也好，一年也好，一生也好，都是从热趋向冷，而最冷时即为终结一刻的降临。

体液的说法始自恩培多克勒

体液说的奠基人是恩培多克勒（Empédocle，公元前485—前435），希波克拉底使其臻于完善，盖伦则通过大量实验使其严密化。结果是这一理论对后来多个世纪的医疗学和医药学实践产生了深远影响。

四质平衡

四液四素之说，奠定了医学实践的基础——实现人和动物的体内平衡。这一理念今天也仍被认为是正确的。古代医生认为，一旦这四种体液之间未能保持平衡，疾病便发生了。所谓治疗，其实就是恢复这种平衡，而具体的平衡状态是因人而异的。

治病的第一步，是根据脉搏、血液、排泄物等提供的信息进行诊断。接下来便是选用应当施用的植物、动物和矿物，以期再度建立起应有的平衡来。之所以要选用，是因为植物（和其他物质）也同样具有与冷、热、干、湿四性有关的特性。所有的物质都是根据此类特性描述和分类的，比如草莓的成熟果实冷而湿，铃兰的花朵干且热，三叶草则又冷又干，如此等等。

再进一步定出这四性的等级，施治便可更为精细和准确。比如16世纪的意大利医生与植物学家彼得·安德烈亚·马蒂奥利（Pietro Andrea Matthiole）便将草莓的叶子定为冷性第一级和干性第二级。弄精确是件好事。盖伦告诉我们，风信子的根干而冷，且干性属于第一级，冷性位列第二级末或第三级初。按照他的这一推论，此物便可用于制成油膏，使尚未长出头发的幼婴生发并可长期搽用。老普林尼也提到了风信子根的一种用法，是奴隶贩子所熟知的，就是用泡了风信子根的葡萄酒揉搓奴隶的阴毛区，好让毛发长得浓密，以造成他们身体健壮的印象。对于植物四性等级

现代医药中会用到的胡卢巴草，旧时曾被定为热性第二级和干性第一级之物（此图为法国在20世纪30年代至50年代行销的一种妇女妊娠期和产后恢复期的补药，主要成分就是胡卢巴。图上方为此药的名称"百懊光"（Biotrigon），其中的trigon就是此草希腊文名称的开始部分。图下方的文字为"增加体重"。）

的分类，人们可能会认为未必准确可靠，每个医生都会有自己的判断标准，彼此间很难取得一致。按照阿维森纳的看法，洋葱为热性第三级与湿性第二级。而普拉提厄里乌斯则认为它具有的是热性和干性，且二者均为第二级；阿维森纳坚信郁金香的鳞茎有毒，而一些医生却不同意，狄奥斯科里迪斯便属这一群体；而一位姓雅萨克（Ysaac）的人则说，这种热性为第四级、湿性为第三级的鳞茎会使人癫狂。

> **影子今尚在**
>
> 从今天的一些用语中，如"恶向胆边生"啦，"血气方刚"啦，"泥人土性"啦，等等，都可看到体液说的影子。

数学之塔

数目4并非偶然出现在医学理论上。它与古希腊人毕达哥拉斯（Pythagore）所提出的，他称之为"四层数"（tetractys，是指由1、2、3和4由上而下地排成四层的结构 ⸫。认为数学可以解释世界上的一切事物的毕达哥拉斯由此结构演绎出许多有关宏观世界与微观世界的唯心论断。——译注）的数学模型有关。此模型是建立在1、2、3和4这四个正整数上的。由这四个数，又可以进而推演出——具体过程这里就不介绍了——黄道的宫数12来。古人自然不可能忽视这样一个重要体系，所以将人也与黄道十二宫对应起来，由是形成了"黄道带人"的概念。

黄道十二宫的符号是脱胎于四素的。身体的每个部位和每一种疾病也都与它们相关。同样地，植物也会按其性质依附于黄道带的不同宫位，对植物的栽植和采挖时间也都须严格地因时而动。植物的生存自然要求与它们打交道的人在不同的月份有不同的施为，其中与采集和保存有关的一切操作更是如此。

占星术认为，每个人的性格与命运都是由其出生时的星位这一来自宇宙的影响决定的。这种影响也与患病及其医治有关（图中的人体便是所谓"黄道带人"，四周的小图便是黄道十二宫的图符，文字是对这十二宫与人体器官之间联系的介绍。）

东亚与南亚的医疗与医药

各派医学彼此间都存在着密切关联。自古以来，来自亚洲的有关知识和实践都一直在帮助着西方的医学。印度的传统医学所依据的基本前提是，物质世界由五样元素组成：水、火、土、风和虚空。它们的组合形成了人体的七种构成，即血液、淋巴、肌肉、脂肪、骨骼、骨髓和精液。该医学理论也认为，疾病是呼吸、胆汁和黏液这三个重要成分失去平衡的结果。印度的传统医术用到很多种药物，并形成了共258种药用植物专著。

中国的传统医学将所有的药材按四气（寒、热、温、凉）五味（辛、甘、酸、苦、咸）分类，分别施用以恢复五行（金、木、水、火、土）与三焦（上焦、中焦、下焦）之间更为复杂的平衡。今天的中国医药学典籍中共收进600多种植物专著。

肝叶草的叶子形状像人的肝脏，故被认为可对症肝功能失常；斑叶肺草看上去有如人的肺叶，故被认定可治疗肺病，核桃仁颇似人脑，故被断定有健脑功效。形信号论建立在仔细的观察之上

四种体液间若能实现平衡，人和动物便是健康的，否则就会生病

形信号论

形信号论如是说

形信号论又称对应说，在 16 和 17 世纪曾广为风行，而且从某种意义上说也一直没有完全消失。诚然，这一观念的形成由来已久，不过其声名大噪却是瑞士医生帕拉塞尔苏斯（Paracelse，1494—1541）大力推介的结果。无论古代还是如今，无论在中国、印度还是西方，人们的医学理念中一直贯穿着大自然引导人类的意识；因此若能有所解悟，便得到了治愈病痛的方法。形信号论认为这种引导是体现为表象的，即觉得如若某种植物或其一部分的外形——并非意指植物或其一部分的内涵——或多或少地与人体的某样器官模样相似，便可进一步推断能够用于治疗发生在该器官的病痛。地问荆的茎干是一节节的，一如人的脊柱，因此就应当能治疗腰背疼痛；核桃仁的形状非常像大脑，故应是大自然在指示人们食用之有补脑之效，并进而可医治头疼；白屈菜的茎干中含有的黄色液体与黄胆汁颜色相仿，故当为治疗黄疸和肝脏疾病之物；斑叶肺草的叶片看上去恰似由肺泡集聚成的一叶肺脏，遂会是治疗肺病的药草……如此这般的例子可以说俯拾即是。附带提一句，许多植物的俗名就这样来自于据信可以起医疗功效的器官。有一种草的花序颜色似血且成团状，又果然具有被设想到的与血液有关的能力——止血，在法国便得到了 sanguisorbe 的俗名，意为"收血草"（此草在中国俗称地榆，又名血箭草、黄爪香等，中医用来医治便血、痔血、血痢、崩漏等病。它的学名为 *Sanguisorba officinalis*。——译注），遂被用来对症外伤出血和腔内出血。

形信号论有时真能表现出效果来，这便使它很有信奉者。比如柳树的下部可没在水中而没有任何明显的不适应表现。潮湿的地方通常会使人发烧，于是柳树便被设想一定能够对抗这种病症。而在 19 世纪，从柳树中真就提炼出了出色的退烧药——阿司匹林。美洲的原住民也根据柳树枝条的柔软，认为它可以对风湿和老龄造成的关节僵硬有疗效。都是歪打正着啦！

既行医，也炼丹，还搞别的名堂

菲利普斯·德奥弗拉斯特·奥里欧勒斯·博姆巴斯茨·冯·霍恩海姆，又名帕拉塞尔苏斯

叫形信号论也好，称对应说也罢，所涉及的只是医药。这也正是古希腊植物学鼻祖泰奥弗拉斯托斯（Théophraste）对它所下的评语。此说历经多少年月，从古代流传到中世纪并贯穿整个时期，在一所所医学院校讲授着，在各地的医学实践中运用着。应当说，如果不涉及其理论内涵，只看其基于相似比对的着眼点，倒的确并不复杂，因此最容易得到广泛接受，遂导致植物学家、内科医生和外科医生的普遍信奉，包括其中的顶尖人物，如莱昂哈特·富克斯（Leonhart Fuchs）、奥托·布伦费尔斯（Otto Brunfels）、吉安巴蒂斯塔·德拉·波尔塔（Giambattista della Porta）等，都是接受并维护这一假说的，不过使它堂而皇之地成为重头理论的，是瑞士人菲利普斯·德奥弗拉斯特·奥里欧勒斯·博姆巴斯茨·冯·霍恩海姆（Philippus Theophrastus Aureolus Bombastus von Hohenheim）——也就是前文刚刚提到的帕拉塞尔苏斯，而且他的这后一个拉丁化姓名更为人们所知［Paracelse 源自拉丁文，意为"超过塞尔苏斯"——塞尔苏斯在本书前文（医学的起源）一节中已提到，他是古罗马帝国初期的著名学者。——译注］。他是医生，同时又是炼金术士和占星家，堪称是位颇受争议的人物，而且用当前的话来形容就是"好弄出大响动来"。他将医学弄得风生水起，将古人的设想变成了一种文化遗产。据说此人傲慢，爱寻衅，还有传闻说他曾在1527年6月24日圣约翰节那天，当众焚烧阿维森纳的《医典》这一被奉为"医科圣经"的著述。最大的挑衅来自他刻意不用拉丁文这一"学术"语言写作，而且为着表示轻蔑，故意用德语方言写了不少医疗学和医药学著述传世哩。

从种植园地进入实验室

多少个世纪以来，植物一直是医药的主要来源。早在11世纪时，便有人向查理曼大帝（Charlemagne）建议以人工方式栽植有用的植物。在他当政时期形成的著名律令杂集《大诰》中，便记载有88种药用植物。

那时的栽培植物出自两类地方，一类为菜园，一类为药圃。

进入16世纪后，人们掌握的植物知识大大增加，此时有人想到以图像方式表现它们的形状。尽管当时达到的逼真程度拿到今天来衡量实在不敢恭维，但还是带来了不少好的结果。进入19世纪时，又有另外一个进展出现了。1803年，在拿破仑·波拿巴（Napoléon Bonaparte）治下的法国，蒙彼利埃大学、巴黎大学和斯特拉斯堡大学的医学院都率先开设了医药学专业。也是在同一个世纪里，化学家们最后搞明白了人们作为药物沿用了数千年的植物起作用的方式。化学"使植物开口"，从草木中鉴定和分离出最早的一批起药物作用的化合物：从罂粟中发现了吗啡（1804），又从同一种植物中提炼出可待因（1832），从马钱子中分离出番木鳖碱，还从秋水仙中得到秋水仙素（均在1820年），从烟草中分离出尼古丁即烟碱（1828），从可可树叶中提纯出可卡因（1855），从毛地黄中得到毛地黄素（1868）。也是在这个19世纪，人们开始以种种提纯物对动物进行实验，有时也以人为对象。最后，巴斯德（Louis Pasteur）所发现的微生物的存在，更推动了医药学的发展，药物研究与开发从此带上了现代色彩。从这个成果累累的世纪开始，在政府管控下的有权又有威的"大医学"，便同传统的、古老的、仍旧坚持存在的民间医学分道扬镳了。估计在21世纪里，它们是会实现调和的吧。

大众化的医药

现有的医药体系

当前存在着两种医药体系：一种向富人开放，另一种为穷人所用。这一自11世纪以来渐渐形成的格局令人担心。不要天真地以为人人当真都地位平等——富人总是得到更多的与更好的服务。出自医学院校的"大医学"日趋复杂和昂贵。首先，它越来越多地使用罕有和贵重的药物；其次，诊断方式和医药知识的极大复杂化，使医疗科学变得难以接近。无论复杂化的原因是什么，结果无疑都使医药学受到束缚，也造成参与保健事业的药剂师、草药师傅，还有野药贩子之间的严重对立与激烈竞争。

无论穷富，野药贩子一概算计不误

这两种医药体系间的差距，在18世纪前一直在不断地扩大。如果非要在这两者中找出共同点的话，那就是它们都存在迷信的成分。富人迷信投入可观、花费不菲的阳春白雪系统；普通城镇民众和农村人口不得不使用的下里巴人系统中，自然一向不乏各种各样的迷信观念，也始终没能摆脱一向充斥着巫术的一些手段。以如今的普通人而论，当他们感冒时，固然还会用铁线蕨、药蜀葵、无花果、葡萄干和甘草煮水的方法来应对（而且效果似乎也还说得过去）；不过若是得了肾结石，无疑已经不再接受什么用喜鹊脑或鸡胗煎成的浓汁之类的古老偏方；当孩子换牙时，家长也会带他们去看牙医，而不再往孩子的两颊上各贴一条死鼹鼠的腿肉；至于将鳗鱼烤出油来放入蒜瓣，在火炭里煨熟后放入耳洞里治失聪的胡扯，则更成为即便有人说也无人信的过耳秋风了。然而，面向乡村和普通家庭的民间医学，虽然面对重重艰难，却一直通过种种尝试，在筛选有效偏方的实践之路上不懈地跋涉。而且就成果而论，也只有19世纪的化学才能胜它一筹。

草药业

草药师傅是中世纪采药人——不是植物标本搜集者——的职业传承者。长期以来，这批人一直是提供药用植物和治疗建议的重要方面军。在法国，这个职业于1312年得到正式认可，进入15世纪后又形成法人团体。1778年，巴黎医学院首次颁发草药学的专业文凭，以此表明研究药草和草药是正经职业。1927年，法国又创办了巴黎国立草药学院，只是1941年遭维希政府解散，医药学文凭也从此不再颁发。有些人一直希望使之得到恢复，而且努力的程度不亚于求证尼斯湖水怪的存在，只是迄今还没有成功。进行草药培训却又不颁发相关文凭，致使真能算得上草药专家的人屈指可数。必须要说的是，自进入19世纪以来，以草药为职者的数量便处在净减少状态。以化学为依托的医药科学取得了巨大成果，加之建立在免疫学基础上的种种疫苗得到开发和使用，造成了认定沿用植物的传统做法已然过时的大气候。这种观念导致目前只在乡间还有庄户人家仍旧使用药草和草药，而且就连这种存在，也被视为明日黄花。然而，草药学和传统医学在农村依然是有根基的；即便在城市里，在居家小药箱和药店大库房储入现代化药物的同时，也还为药用植物保留了一隅之地，以满足照旧对传统医药情有所系的人们。

药草的经销

在法国，采挖和种植可供药用的植物（即药草）是不受限制的，但有关的商业立法十分严格，而且在草药师傅这一行当几近消失的局面下更趋严峻。在这个国家，药剂师持有制售医药的垄断地位，所有药用植物的制备只允许药店进行。不过考虑到传统医学的需要，仍准许若干植物不在受此垄断的范围之内。政府批准了若干可不由药店经手的药用植物；1979年批准了第一批，共34种，现在的允许名单是2008年通过的（公文号2008-841，2008年8月22日公布），共计148种（具体药草物种及有关药用部位可参见正文后所附的《法国2008年规定无须医生处方的药草名单》。根据新近的植物学分类标准，将原名单中所列的有的合并，有的分开，结果使该名单变为147种。——译注）。它们可以在市场及健康食品商店等若干地方直接贩售，但同时规定销售时不得提供治疗建议。所有药用植物除少数例外（椴树叶与花、橙香木、果香菊、多种薄荷、酸橙、野蔷薇结的附果、黄葵籽和玫瑰茄花萼）均须单独出售，不准混合打包。

采集来的草药可以贩售给无须同时接受其他治疗手段的病人

药典

　　药用植物仍然有着光明前途,草药医学也挺过了先前往往得不到充分认可的艰难时期。让我们公正地对待它们吧。它们以自己的方式存在,给人类以宝贵的馈赠。19世纪是个伟大的时期。在此期间,科学牢牢地扎下根来,并与许多工业活动建立起密切联系。在科学与工业的帮助下,医学也在这个时期得到定形。人类社会迈开了全面进步的步伐,以势不可当的势头走向美好的未来。与过去的彻底决裂不可避免。也就是在这样的情势下,法国形成了自己的权威药典——《法兰西药典》。

　　自从有了"书籍"——美索不达米亚流域出现的黏土记事板,以及埃及人用纸草制成的长卷都符合这一定义,医学知识就一直被记载到这一媒体上,形成的结果或称为医册,或称为解毒经,或称为本草书,凡此种种。"药典"一词出现于1560年,以对药物的描述、制备过程以及管理规范为主要内容。再早些时,法国从1150年起,便规定药剂师不得擅自改动医生的处方,又在1321年明令所有以药剂师身份从业的人员,均须严格以《尼古拉斯药物大全》[该书相传为拜占庭名医尼古拉斯·梅利普索斯(Nicolas Myrepsos)的医药学著述,是他在总结前人成果的基础上,

加上本人的实践心得写成的,全书共分48章,介绍了应用近400种药物的基本知识。——译注]中的种种规定为蓝本。到了1536年,巴黎药物局颁布了药剂师资质条例。从18世纪开始,法国又陆续形成了一系列药典,如摩西·查拉斯(Moïse Charas)编纂的《皇家医学与化学药典》(1676)、尼古拉斯·莱梅里(Nicolas Lemery)编纂的《通用药典》(1697)和《简明药典》(1698)等。

《法兰西共和国药典》中也列入外来植物,如智利的香叶树和西番莲等。它们在为其他文化的传统医学做出贡献的同时,也为法兰西人长期效力

法国大革命孕育出制定新药典的要求（1803年正式提出），不过直到1818年才形成《法兰西药典》的第一版（拉丁文），并于翌年推出法文版。这一名称沿用至1963年时，又更名为《法兰西共和国药典》。法国药业目前所遵从的是2012年7月1日颁布的第11版。该版本中开列出114种单一性植物产品，给出了定性的和定量的特性介绍，由是形成了保障公众卫生与健康的规范。

草药医学

用于制备药物的植物，在中世纪时的叫法是本草。而在《法兰西共和国药典》和目前在欧洲大部分国家共同沿用的《欧洲药典》中，则代之以药草这一名目。所谓药草，即意指全部或至少一部分可用于医疗目的的植物；既可以是新鲜的，也可以是脱水干燥的。

今天得到应用的草药，是草药医学研究的成果。所谓草药，便意指所有来自植物的产品，包括药草（鲜活的和干燥的）及其天然提取物。来自植物的所有产品通常也被纳入这一范畴。草药医学还包括其他一些有效的实践，如基于使用植物的新芽和幼苗的芽胚疗法，以及富含维生素、矿物质和植物激素的侧根、新生枝条或维管形成层的医用。今天，人们又重新发掘出有着数千年历史的芳香疗法，即将从植物中提取出的各种可释放出芳香气体的物质用于医疗的手段。英国医生爱德华·巴赫（Edward Bach）将这一古老的方式发展为将白兰地兑入从不同花朵上收集到的露水，并将如此得到的种种花露酒，按照接受此疗法者的病情与情绪状态选用。这样一来得到的药用植物，其疗效便绝对超过了以往任何时候。

药草茶与其他饮料

药用植物中所含有的活性成分很有价值，不但种类繁多，利用的方式也不止一种。

无论干的也好，新鲜的也好，药草作为药用的最简单方法是冲泡，即只需注入沸水即成。冲泡所得的饮料统称药草茶。煎煮是另一种方法，

无论是用于心、肝、肺、肾还是用于神经，也无论是治皮肤病还是润泽肤色，做法一概简单不过——饮用罗大夫药草茶（Tisanes du Docteur Leriche）。只要有它，齐活！

即将植物的所需部分置于冷水中煮沸，并将此状态持续一段时间。浸渍则涉及将药草在一段较长的时间内泡在常温状态的液体中，时间可以是数小时，不过通常是持续一晚或一整天，有时还会持续数天或更长。液体可以是烈酒、葡萄酒或食用油，冷水也是常被用到的。为了改善服用时的感觉，或者为了能够长久保存，会在其中添加糖分，这样得到的便是糖浆。现今以酒精浸渍药物的正规步骤是浸泡过后再加以蒸馏，不过传统医学并不要求这后一步。

盖伦传下的守则

制备成药的标准方式是由药剂师配制，不准其他人染指；药剂师也须在公开场合操作。这样可保证成分可靠且用量精准。此规则始自古代名医盖伦。无论酒精酊剂、其他有机浸剂、水浸液、乳液，还是水溶液、混合剂、软膏、染色剂，以及其他任何制剂，一概只准许专业人士进行。

药物的制备

无论应对何种不适，药物成分总要以某种方式进入人体。这些方式包括直接摄入、漱口、漱喉、熏蒸、灼炙、按摩、涂敷、药浴、粘贴、洗淋、灌肠、注射等。

以当前在市场上流通的药物制剂的外形而论，药粉通常会压成片状、粒状或充入胶囊，药液则多加工成密封小袋。

精油在当前使用很广。有些植物的茎叶上会生出小囊泡，其中含有挥发性物质，具有浓烈的气味和味道，或供植物本身利用，或保护自己免受微生物侵害，或产生嗅觉信号以吸引昆虫前来授粉，或在旱季减少自身水分的蒸腾。对这些植物进行蒸馏，便可得到种种精油，通常是黏稠的亲脂性液体。它们的使用方式可以是形成局部气雾，可以是直接扩散入大气,也可以是施用于皮肤,还可以是加入植物油稀释后内服或吸入。

21世纪的植物

19世纪西方在化学和医药学领域的进步,严重冲击了传统医学,不过也同时打开了开发药用植物新用途的大门。这便使进入药典的植物比以往任何时候都要多。一方面,植物与依托着化学科学的制药工业密切相关(如今约有40%的药物以某种方式与植物相关);另一方面,它们仍继续在不参与化学操作的情况下以草药形式独立发挥着作用。人们现在如果想要接受后者,既可以选择传统方式,即一向在农村中和家庭里自行实施的冲沏和外敷之类办法,也可以"现代化"一些,即使用制成药片、胶囊、精油等注册药品。可以相信,药用植物仍会在21世纪发挥作用,因为它们中有不少已被证明是有效的。科学研究也为用它们治疗严重疾病开辟了新途径。不过应当注意解决的问题是,如何直接应用药草、如何通过制药业精加工为成药,以及如何作为补药发挥作用。

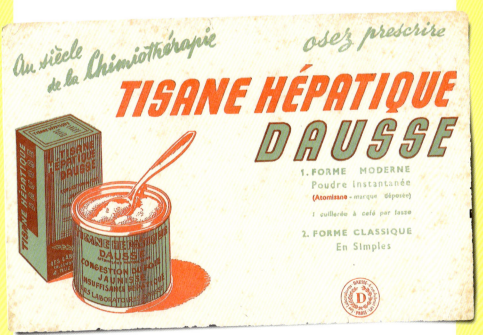

当此进入20世纪之际,我们还是重复这句老话:要想祛病延年,一靠化学疗法,二凭药草妙茶。

药草和草药的长处

在介绍下面的内容之前,先来给药草和草药泼些冷水:它们并不能医治所有的伤病。的确如此。并非所有的天然物都是好的,这话很正确。药草和草药可能有毒,此话也没说错。

不过它们又确实有许多优点。首先,许多伤病并不非得要用人工合成的药物不可——一些合成药物会产生十分明显的副作用,更不用说价格也高昂。

对药物和药店进行严格监管,会使药草和草药的安全使用得到保障,还可以逐步养成多使用它们治病的潮流。在法国政府营销许可证制度(AMM)的规定下,草药也被纳入"正规药品"的规范,也就是说,应当进行合格的包装,封入规范的胶囊,放入地道的容器,达到外观上同其他注册药品一样的水平。近年来出现了补药,传递了健康饮食的信息。但说

总之,在将植物用于医疗时,应当意识到它们的功效是有限度的(而且并非一成不变),故须以合理的和明确的方式进行

实话，补药的营销只接受质量监管，不需要申请许可证，这便使以前一些只作为草药出售的植物摇身变成了食品，并仍在药店经销，因而将形势弄得模糊起来。

好好利用草药医学

药草和草药并非完全无害。对此，医务界人士一向是了解的，并且做到了本着自身的知识与实践经验有效使用。如今，基于应用大量植物治病的草药医学，遇到了未必具备自我治疗知识和技能的人擅自滥用的问题。他们经常无视医生的诊断结论和建议，擅自使用某些草药（如为了对付高血压而长期服用某些有降压作用的植物）。在"自然"治疗这一理念的引导下滥用草药的结果，是忽视正当的摄入剂量。他们并不总能意识到，草药和药草与其他治疗方法之间可能存在相互影响；比如未能注意到贯叶连翘与某些抗抑郁药、抗凝血药、抗病毒药和避孕药是互为禁忌的。因此务请注意，即便是药草和草药，也切莫滥用，特别是在并不需要的时候。

有些药草和草药也可治疗高血压，但须注意不应与所接受的正规医疗手段混用

还有一个问题不幸与当前这个时代有关，那就是污染。许多农村地区已经受到农药的污染，因此在采挖药草时必须谨慎。鉴于一些亚洲国家和东欧国家对污染控制不力，致使那里出产的药草难以保证质量。出于慎重，还是应当只购买标示着"有机产品"的药用植物为宜。有些接受印度传统阿育吠陀医学或亚洲医学知识的人会用到受抗生素或皮质类固醇污染的药用植物，还有许多人网购来的药物是伪劣产品。对这样的供应链务应谨慎。

略观天赐小药房

蒜	34	月桂	88
北艾	36	薰衣草属	90
菜蓟	38	乳香黄连木	92
山楂	40	常春藤	94
牛蒡	42	互叶白千层树	96
毛蕊	44	贯叶连翘	98
山地石楠	46	香桃木	100
香樟	48	胡桃	104
长角豆	50	油橄榄	106
黑加仑	52	酸橙	108
水飞蓟	54	异株荨麻	110
绊根草	56	欧洲赤松	112
葡萄叶铁线莲	58	车前属	116
虞美人	60	马齿苋	118
地中海柏	62	地问荆	120
狗蔷薇	64	金鸡纳属	122
桉属	66	光果甘草	124
无花果	70	迷迭香	126
球果紫堇	72	木莓	128
酸刺柏	74	芸香	130
银杏	76	穗菝葜	132
蒲桃丁香	80	撒尔维亚	134
石榴	82	白柳	136
欧锦葵	84	欧洲接骨木	138
枣树	86	椴树属	140

蒜

(*Allium sativum*)

百合科＊葱属

药效都在蒜头里

性状简介

- 多年生植物，地下有一部分为鳞茎，从中抽出蒜薹，高度可达60—80厘米，周围环生叶片，下部包有叶鞘。
- 鳞茎由若干瓣状部分环排而成。
- 蒜薹于第二年抽出，顶部生出十分标准的、呈珠芽状的伞形花序，形状美丽，花色可为浅粉、纯白或淡红。

蒜，又称大蒜，人们自古便知道它有驱虫的功用。希波克拉底和狄奥斯科里迪斯都指出过这一点，老普林尼和伦贝特·多东斯（Rembert Dodoens）也在他们的著述中有所提及。17世纪的一位意大利医生乔治奥·巴格利维（Georgio Baglivi）讲述过这样一个惊人事件：当事人是个年轻男子，他在干切蒜瓣的活儿时，被这种东西的强烈气味熏得难受，觉得呼吸不畅，还发生了呕吐。在经历了一阵剧烈的肠蠕动后，他排出了一条缠成一团的虫子，伸展开来竟足足有30米长——无疑是一条绦虫。还有人介绍，如果肚子里有了虫子，若在每天喝牛奶的同时，吃下几瓣捣碎的蒜瓣，或者以蒜液灌肠，都可以达到驱虫效果。蒜瓣无论生吃、捣烂加水灌肠或作为敷料糊罨肚腹，也无论掺在水里、奶里、啤酒里还是加入橄榄油中烹煮，都有驱虫的功效。

穷人的万应药、农家的百疾灵

大蒜的医药用途简直不逊于其烹调用项。许多地方都将它作为药物使用，在农村尤为如此。正如盖伦所

＊此物种应划归何科，在学界是有争议的，原书所给为石蒜科。这里按中国科学院中国植物志编辑委员会《中国植物志》所定的科名给出。此译本中涉及的各种植物的学名、科名与属名，凡收入《中国植物志》的，均以该资料为准。——译注

说，它的诸多功效，使之被称为穷人的万应药和农家的百疾灵。由于大蒜能够杀菌，便被用于治疗急性支气管炎，以及平喘止咳和缓解喉痛。对付这几种病痛的通常方式，是让病人喝某种放入蒜和其他一些调料的菜汤。建议患有间歇性发烧的患者和希望预防心绞痛的人常吃些大蒜。对于百日咳病儿，可在发作期间用蒜瓣沿脊柱刮擦。老普林尼介绍过一个验方，就是用大蒜治痔疮，既有疗效又不刺激患处。此物还对化解被游蛇科中的一种毒性不甚大的小蛇咬后所中的毒颇有成效。而此蛇的名称——雄蛇（Hemorrhus）、雌蛇（Hemorrhois）——都与 Hemorrhoid（痔疮）拼法十分接近，说不定正因为大蒜是这三者的共同克星，而使它们被联系在一起哩。

大蒜也可施之于动物。古人早就明白无误地知道，家禽吃了大蒜，便会少些啼鸣。马儿因过食谷类发生排尿困难时，可以用蒜末揉搓的办法解决。法国南方的农民还会在蒜瓣中加入少许煤油或汽油，捣成糊后涂抹在家畜身上，用以消灭虱子一类的寄生虫。

大蒜与保健

小伙子们赴约会前可不要吃生蒜，免得熏跑女友哟！不过，这种东西可是维持正常血液循环的好帮手哩。药店里目前提供封入胶囊的蒜粉，这便避免了蒜气的外逸。大蒜以其降低胆固醇、维持正常血压和扫除轻度血液循环障碍的良好作用而闻名。

> **大蒜清汤是普罗旺斯人的发明**
>
> 大蒜清汤在法国普罗旺斯地区可谓历史悠久，相当于一种蔬菜汤。它是节假日过后或四旬斋期间食用的清淡菜汤，也可用于节食阶段。在1升水中加入6—10粒蒜瓣、一束百里香、一些月桂和鼠尾草，再加少许橄榄油，煮15分钟，撇去汤料后即可上桌。此汤在当地还叫长命汤。

现代驱虫药出现之前，大蒜是长期受到信任的肠道驱虫药

北艾

（*Artemisia vulgaris*）

菊科 蒿属

北艾可入药

北艾是在道路旁、铁轨侧、瓦砾堆里和废墟上常能见到的植物，与一种名叫苦艾（学名 *Artemisia absinthium*）的植物很相似，两者都为蒿属成员，只是叶片背面茸毛的性状有所不同。北艾自古以来便与希腊神话中的女神阿耳忒弥斯联系在一起（在希腊文和拉丁文中，这两者的发音和拼法都很接近。——译注），因此带有典型的阴柔色彩。只不过古人叫作北艾的植物，很可能与我们所知道的北艾名同而物异。倒是中世纪的法国诗人吕特勃（Rutebeuf）笔下的戟头草，它的确就是我们目前所知道的北艾的法文方言俗名之一；法国外科名医安布鲁瓦兹·帕雷（Ambroise Paré）也真的曾将如今的北艾用作药物，而且一直得到后人的沿用。

在16世纪出版的介绍居家生活的法国著名百科全书式著述《庄园》中，便提到用北艾叶子拌上鸢尾油，再加上没药脂和无花果，一起磨成糊后可用作子宫托，以调节妇女的月信。此书中还提到将干燥的北艾根碾成粉，在白葡萄酒中煮过后用来冲洗子宫。

风头很健的北艾

北艾与迷信有所关联，更与巫术颇有连带。它与贯叶连翘搭配为伍，是传统民间医学中的常用药物。每年夏天，人们就会用这两种植物编结成环圈，相信悬挂起来可以预防和治疗发烧，更会在圣约翰节前夜投入为节庆点燃

性状简介

- 多年生草本，成株高度50厘米—1.4米，茎干带有紫褐色，呈羽状复叶分布的叶片颜色深绿，有分叉，正面光洁，背面有灰白色茸毛。
- 密穗样头状花序，花色有浅黄和紫红两种。
- 结光滑瘦果。

的篝火中，认为这样会有更好的防治效果。正因为这样，北艾得到了火草的俗名，而贯叶连翘也往往被叫作圣约翰草（也有些基督徒将这两种植物都叫作圣约翰草和火草，有些人还将其他与这两种草一同编结成圣约翰环圈的植物，也一律如此统称。——译注）。欧洲人再次受到远东医术的启发，学会了作为针灸医术一部分的艾灸。这种方法是将一撮弄碎的干北艾叶子置于身体的一定部位，点燃它们以使有关体位受到熏烫［作为艾灸所用的药草通常并不是北艾，而是同为蒿属的艾（又称艾蒿，学名 *Artemisia argyi*），而北艾和艾在中国的某些地方也都叫白蒿，足见它们在性状上是相近的。——译注］。北艾还有治疗癫痫和西德纳姆舞蹈病的效力。它还被编结起来挂在马厩和牛棚处，用来有效地驱赶牛虻和苍蝇之类。在法国的普罗旺斯地区（Provence），女性们喜欢在若干衣缝处缀上小束北艾，认为这样可以分得这一植物的优良禀性。天晓得这种风俗是如何形成的！

副作用

北艾可以食用，但过量摄入有可能产生不良作用。有资料表明，一些乌克兰人会在青黄不接时用种种可以得到的植物烧汤充饥，其中就多有北艾叶。食用北艾的结果会引致幼儿抽搐，而一旦停食，此症状便消失。

北艾与保健

在如今的农村，北艾仍然享有造福女性的良好声誉。用一升沸水冲沏适量的北艾嫩叶，成年妇女白日饮用，可以起到调节经血的作用。这种饮料也曾被用于减轻妇女更年期出现的紧张、肿胀、潮热等诸般不适。将北艾与撒尔维亚一同用葡萄酒浸泡，饮之可预防贫血。

北艾能够杀灭细菌和真菌的作用业已得到证实。北非地区用此种植物治疗昆虫叮咬所致疾病、轻度烧伤和毒蛇啮咬的实践均为确凿实例。

要治蠕虫病，可用四种药；其中有一样，名叫北艾草。夏至庆祝夜，篝火熊熊烧，每逢此佳节，就把它想到（吕特勒的一首小诗）

菜蓟

(*Cynara scolymus*)

菊科 菜蓟属

超前时代的药膳食材

菜蓟及与其同属的球苞蓟都不是天然的野生物种，它们都是由野生物种刺苞蓟（学名 *Cynara cardunculus*）经过长期不断的人工改良所形成的，因此只生长在菜园里。经过上千年的改造，这种变化已十分巨大，致使它们看起来……看起来已然全无老祖宗的遗风。很久很久以前，人们在食用各种各样的蓟属植物的同时，一直努力使它们的可食用部分多些，味道少些苦涩，栽植起来更容易些。不过当时人们并不大愿意请它上餐桌，因此在一个长时间里，改良的努力并不很成功。只是到了中世纪时，它们才被改良为显贵所钟爱的蔬菜之一，更在文艺复兴时成为法国王后、出身意大利名门的凯瑟琳·德·美第奇（Catherine de Médicis）的盘中美馔。这里必须提一句，就是那不勒斯（Naples）和托斯卡纳（Toscane）两个意大利地区的菜园对菜蓟的改良贡献最大。

菜蓟入药

改造过的刺苞蓟之一——也就是人工培养出的物种菜蓟，之所以成为药物，很可能是阿拉伯人做出的贡献。特别值得一提的是，前文提到的波斯医生拉齐斯在其《补

性状简介

- 多年生草本，茎干粗壮，成株高 1.50 米许，宽大叶片密生，羽状全裂，覆灰绿色茸毛。
- 由花托上的多个肉质花苞构成头状花序，生于细长花茎的顶端，未开花时容易被误认为叶片，绽放时便显现为众多的紫色小花。

药篇》中告诉人们，此物有利尿和祛风的功用，并可以用来除灭虱子。这些都是很早的断言。不过，虽然人们从16世纪时便使用菜蓟的叶子治病，然而直到20世纪初才弄明白，原来其功能缘自菜蓟中一种名叫洋蓟酸的成分。一位姓布雷尔（J. Brel）的医生在20世纪30年代报告说，此物可使肝胆疾病患者增加食欲，黄疸肤色也明显趋向正常。菜蓟的叶子也被证实可作为泻药和利尿剂使用，还长期在农村用于治疗水肿。

菜蓟与保健

在西班牙和意大利，多年以来，希望健肝补胆的人们一直在喝几种含有菜蓟成分的饮料。药店出售的此类饮料通常会带有这种植物所特有的苦味，不过也有几种味道比较容易接受的清凉饮料和酒精饮品。

在草药医学的实践中，规定用作沏泡药草茶水以助消化之用的菜蓟——必须是真正的菜蓟而非同属的其他品种，所用成分基本上也只是干燥的叶子；可在饭后喝，亦能随时饮用。菜蓟叶是被录入《法兰西共和国药典》的，并被列为独立条目。胆管梗阻是服用此物的唯一禁忌证。

在菜蓟的多种药用价值得到确认后，便出现了多种以它为成分的成药，如一位穆瓦蒂（Moity）医生于20世纪30年代推出的塞内福临丹（Cynéfluine）

菜蓟前途无量

菜蓟自古以来便被用来治病，而种种新的药用可能性仍在研究中，且都沿着以某种方式影响肝和胆这两个器官的方向进行。洋蓟酸已被证实会影响胆汁的分泌与存储（它会加强胆管的收缩），并促进肝细胞再生。人们目前还正在探讨它对治疗酒精中毒，预防胆结石和肾病，医治消化不良，肾功能衰竭，特别是应对高胆固醇血症的可能性。

山楂

(*Crataegus*)

蔷薇科 山楂属

利心植物

山楂有不止一种，在法国农村到处可见，通常生长于路旁、地头和浓密的灌木丛中。它们是如此普及，以至于在任何时代的习俗和传统中都占有一席之地。山楂的枝干上多生浅色硬刺，故有白刺木这一俗名（而刺李的刺颜色较深，故得到了与之相对的黑刺木的俗名）；又因花期多在5月份，故另有一俗名五月刺。它们的果实不很大，成熟后仍可长期挂在枝头上，因而采摘期很长。有一种山楂特别被人看重，名为地中海楂（学名 *Crataegus azarolus*），是野生品种，可制蜜饯和果冻，用于治疗腹泻可迅速见效。山楂的果实作为对心脏有益的药物已经有几个世纪的历史了，因此又称心血管之果，也简称为心果，其地位远远高于其他对心血管有益的植物。

迟到的认可

山楂是以冲泡这一简单方式发挥其克服心悸、对抗高血压和预防心绞痛的作用的。根据它有调节心脏功能、平静心绪和降低兴奋阈的性质，可以进而推断此物也会有治疗潮热、失眠和烦躁的效能，并顺理成章地相信它对调理妇女更年期反应会起作用。

这种源于经验的民间知识终于得到了明确证实。在一篇写于1695年、作者不详——大概是名巫医，至少也

性状简介（以模式种锐刺山楂 *Crataegus oxyacantha* 为代表）

- 落叶小乔木或大灌木，成株2—4米高，多刺，枝干灰褐色。
- 单叶有深裂，并生有大托叶。
- 四五月间开单层五瓣小白花，花数众多，聚成小簇，有浓烈香气。
- 果实红色，样子像浆果，但实为梨果，呈扁椭圆形，成熟后仍可长时间不脱离树枝。

会是个土郎中——的文章中，首次提到了山楂对心脏和血液循环的作用。该观点又在1896年得到了芝加哥一位詹宁斯（J. C. Jennings）医生运用科学方法的证实。1907年，詹宁斯的研究结果被美国名医芬利·艾灵伍德（Finley Ellingwood）公之于众。另一位芝加哥医生约瑟夫·克莱门兹（Joseph Cléments）还稍早一些，于1898年得出了同样的结论。在同一期间，被认为是法国草药医学前驱人物和柱石的亨利·莱克勒克（Henri Leclerc）医生，也针对患焦虑症和心律失常的患者，以成分中含山楂的药物进行了数十年之久的医疗探索。此公1870年出生于巴黎，1955年去世，而逝去的原因……却正是心脏病发作！

山楂对心脏和血液循环均有正面作用。此物已被载入超过200种医药学专著

山楂与保健

科学研究如今已毋庸置疑地证实，山楂的酒精萃取物具有正性肌力作用，也就是说，它们会使肌肉有更高的收缩强度，并且会产生负性频率作用，即会减慢心率。以往的药用形式是用山楂树嫩枝的薄皮和果实冲沏和煎煮，今后还可以加上胶囊、片剂、口服液和药酒等形式。山楂树干上萌发的芽体也可以用于芽胚疗法。

> **一点小补充**
>
> 法国乡村生长有若干种山楂，但用作草药的通常只有两种：单子山楂（学名 *Crataegus laevigata*）和英国山楂（学名 *Crataegus monogyna*），后者药效较逊色。

牛蒡

(*Arctium lappa*)

菊科 牛蒡属

枉担黄疸名

性状简介

- 两年生草本植物,成株高度在60厘米—1.20米之间。
- 长叶柄,叶片为宽卵形,长可达50厘米。
- 花朵紫色,花序大体呈圆形,紧贴着苞片簇生于茎枝顶端;苞片顶端生有钩刺。

不难想象,在抗生素出现之前,诸如梅毒等可怕的传染病曾使我们的祖先遭受过何等煎熬。在今天用牛蒡医治梅毒已然成为过眼烟云,但它的确曾在一段时间是人们的希望,而且从一些医疗报告来看,还当真取得过成功。最古老的案例涉及法国国王亨利三世(Henri Ⅲ de Valois),据说他染上梅毒后,只通过饮用牛蒡茶便得以痊愈。到了19世纪时,欧洲已有许多医生使用它。比如,一位范斯威登(Van Swieten)医生便不止一次地用它成功治愈了梅毒病人;另一位沃特思(Wauters)医生更有用它向此恶疾开战百余例的纪录。

不过在传统医学中，牛蒡最被看重的功能是利尿和排毒。它的根可以直接食用，也可加工成若干种食品，就像菜蓟或其他几种蓟属植物一样。古人常在很少能吃到新鲜蔬菜的暮冬时节吃些牛蒡以排除积聚体内的毒素，用当时的说法是"清瘀净血"。人们注意到，牛蒡会将种种娇嫩的色调统统蒙上一层暗黄，于是普罗旺斯人给它起了个俗名"黄疸草"。

> **并非菜蓟**
>
> 牛蒡根的味道与菜蓟有些相类似。这无疑是因为它们都含有多量菊糖的缘故（45%—60%）。牛蒡根有促进消化系统和心血管系统功能的作用，也可充当糖尿病患者和肥胖者的饮食。

牛蒡是个好东西

虽然俗名中带有"黄疸"二字，但它还是有一定的美肤作用的。牛蒡还可用于对症皮疹和俗称"酒糟鼻"的玫瑰痤疮，并可减少伤口结痂和伤疤受刺激时出现的不适。狄奥斯科里迪斯便注意到它对顽固性溃疡的作用。后世的传统医学实践者更是长期用牛蒡治疗疖肿、伤口感染和头癣。就连19世纪的近代医疗实践中也没少使用它。比如一位舍恩海德（Schoenheyder）医生便认为它是治疗恶性溃疡的最佳药物之一。另一位珀西（Percy）医生则推出一种用牛蒡汁和等量体积的橄榄油搅打成的油膏，用于涂敷外伤处以促进愈合。据这位医生说，即便是生在下肢部位的顽固性静脉曲张溃疡，敷用这种罨剂也会产生疗效。

还有一些医生说，用牛蒡叶制成糊剂，有舒缓痔疮的作用，还可对症痛风引起的关节肿胀。

忘记用牛蒡治梅毒的对策吧，欢迎进入一个更美好的新世界

牛蒡与保健

今天，牛蒡的药用形式是主根提取物、胶囊，以及干燥根的水煎剂。它的根部提取物可增进肝和肾的功能，通过利尿和促消化两个作用排毒。此外作为辅助药物，也可考虑将新鲜的牛蒡根和根部提取物用于治疗曲张性创口、疖肿、甲沟炎，以及痤疮引发的脓肿。一句话：除了不再用于梅毒，前人用牛蒡做过什么，我们今天也依旧照做不误。

毛蕊

(*Verbascum thapsus*)

玄参科 毛蕊花属

有益的"蜡烛"

毛蕊一词在法文中是 bouillon blanc，从字面看，似乎有"白汁"或"奶白汤"的意思。可实际上，此植物与任何汤菜均无关联，更谈不上同长时间熬煮成奶白色的鱼汤或骨头汤有什么瓜葛了。原来这一名称另有来源。从古时直至文艺复兴时期，几乎所有植物的叫法，在不同语言中——希腊语、拉丁语、阿拉伯语、法语、德语和英语等——是各不相同的。bouillon blanc 中的第一个词来源于高卢—罗马方言 bugillon，意为"柔软"，应当是指这种植物叶片的特点；第二个词的确意指颜色，不过形容的是植株上密密的浅色茸毛。毛蕊的另外一个法文名称更直接些，为 molène，来源于 molle，也正是"柔软"的意思。

古人对毛蕊的应用

古人的著述中至少提到过三种毛蕊，即白毛蕊、黑毛蕊和野毛蕊，其实还有三种也被提到了，只是未曾明确给出名称，就是雄毛蕊、雌毛蕊和密花毛蕊。它们都是毛蕊花属的成员，而且就药用价值而论，它们在各种应用中的功效都是相同的，对所有的患者也都同样适用，并无分别介绍的必要。让我们再一次向古人的认真观察意向致敬！他们沿着行之有效的药用研究渠道探究，最终根据应用结果，得出了有相同药效的结论，只是在对其镇咳、助消化和消炎功效上有些夸大而已。

毛蕊对于胸部外伤、咳嗽及痰症都有很好的疗效。

性状简介

- 地上部分形成直径 40 厘米左右的莲花基座型叶丛，全株密生茸毛。
- 茎干粗大，高可达 1.40 米，叶片下部硕大，上部相对较小。
- 单层黄色花冠，密聚成穗状长棒。
- 可在堤坡、瘠土和沙石地中生长。

它也被用于给家畜治病，如用来以灌饮方式治疗马的喘息症与黏膜炎。将其花朵与蛋黄和面包屑拌和，可用于缓解痔疮之苦；根剁碎后与芸香水拌和，能有效地解厄蝎子螫刺。阿拉伯人也常用它医治玫瑰痤疮。欧洲人则用以对症多见于幼婴面部和嘴唇部受感染所致的疱疹，以及皮炎发作和皮肤受伤时的护理。

观赏毛蕊时无须提防，但若做药用应有所谨慎

毛蕊与保健

毛蕊目前仍是治疗耳、鼻、喉病痛和支气管疾病的有效药草。它所含的黏液中含有哈巴俄苷和数种与咖啡酸有关的有机酯，前者具抗炎功能和起浸润作用，后者有杀灭细菌与抑制真菌的功能，故可用于治疗气管炎、咳嗽和痰症。

毛蕊的花朵是名叫"四花健肺药草茶"的成分之一（可参看"虞美人"一节中对此冲剂的介绍）。此茶是人称"药草女教宗"、有着女圣徒誉称的德国女学者希尔德加德·冯·宾根（Hildegarde de Bingen）推荐的保健饮品。法国作家与农学家奥利维耶·德塞尔（Olivier de Serres）也认为，将此花冲沏后加上蜂蜜服用，是医治声音嘶哑的最好方法之一。

与捕鱼也有关

古人也早就注意到，有一种叫波齿叶毛蕊（学名 Verbascum sinuatum）的毛蕊花属植物，花朵对鱼有很强的毒性。一些不道德的"渔翁"过去常用它捕鱼。只要将一根此种植物的花穗在水中涮动，即可捞到可怜的牺牲品。此类偷渔者通常会在夜里出动，工具就是此物细长的带茎花穗，穗上涂抹些牛油或者猪油。由于它形如蜡烛，也被称作"毒鱼烛"。

山地石楠
(*Erica cinerea*)

杜鹃花科 欧石楠属

以木击"石"

很久之前,在欧洲的酸性土壤地带大量丛生的山地石楠这一灌木便进入了医疗领域。古代医生早早便发现它对治疗尿石症相当有效。此外,此植物的属名 *Erica* 源自 *erika*,意为"弄碎、打破",就是指此属的各种植物都有使结石破碎的功效。不过在具体使用时应当仔细选择,因为从古代直到文艺复兴时期,对欧石楠属各个物种的记述都表明,它们有各自独特的性质与用途。法国植物学家与内科医生雅克·达雷尚(Jacques Daléchamps, 1513—1588)在其著述中提到山地石楠时,说到它形似柽柳,并也和金雀花、矮桧以及野甘草属的各个物种一样,可以制作扫帚、刷子及其他用于打扫和清洁环境、器物的工具。

作为药物,山地石楠有多种用途。狄奥斯科里迪斯

性状简介

- 灌木,成株高度在60—80厘米之间,生有多根直立生长的细长茎干和轮生的细小叶片。
- 6—10月间开群集小花,花朵大体呈管状,并不怒放,盛开时略呈钟形;或下垂,或水平,花色从粉红到纯白不等。
- 果实为蒴果,内含多粒种子。

无论是医学上用于清理病患的泌尿系统,还是日常用于清理地面,山地石楠都是一把好"扫帚"。

便认为它可用于急救毒蛇咬伤。盖伦相信它有发汗功效。此物榨汁还被用来治疗视力减退和平复面部疤痕。多东斯的见解则是山地石楠——他的称法是"湿地石楠"——有生津止渴的功效,并能对症发烧和血管及脏器的炎症。

> **扫帚**
>
> 这里也谈一谈另外一种有清洁作用,并因这一用途得到了 *Calluna vulgaris* 这一学名的相类植物——帚石楠。Calluna 一词源自希腊语 kallynô, 意思是打扫。不过此植物并非用于清整内脏,而是施之于外界环境——制成扫帚。用这种灌木制成的扫帚可是相当有名的哩。

饮进煎汁、排出结石

马蒂奥利在 16 世纪时指出,山地石楠除了可以使泌尿系统中的结石碎裂或溶解外,更有避免尿液中形成结石的功效。将此种石楠的细叶煎煮 30 天,服下便可使膀胱结石碎裂并排出。不过他也说明,据他所知,有些饮食习惯良好的人,结石即便在膀胱内形成,也会在未采取任何措施的情况下自行碎裂排出。他这是在提倡健康的生活方式,更无疑在强调对饮食应有所选择。

19 世纪的法国医生弗朗索瓦-约瑟夫·卡赞(François-Joseph Cazin)认为,山地石楠作为药用植物,在所有对抗与泌尿系统有关的感染方面都可发挥作用。进入 20 世纪后,有人开始以山地石楠的花朵代替熊莓治疗膀胱炎和前列腺炎。德国人也在 18 世纪前期发现了可以用它代替啤酒花酿制啤酒,而喜欢豪饮啤酒的德国人还发现了,这样制得的啤酒更能利尿。

山地石楠与保健

山地石楠的种种妙处被人们不断发现。科学家确认其植株中,特别是叶子中含有熊果素——一种在草莓树(草莓树是一种灌木,并非草本植物草莓,因其所结果实在外形上与草莓有些相似而得名,但味道远不如后者。——译者)、熊莓和黑果越橘中也都存在的物质,具有美肤、利尿与尿道杀菌的功能。山地石楠叶也被制成胶囊在药店中提供,用于治疗膀胱炎和清洁尿道。不过胃弱者须慎用,以免引发恶心和呕吐。

请勿弄混！

请注意，得分清两种不同的香精油，一种叫拉文查拉（*Ravintsara*），也就是通常说的樟脑油，来自于本节所介绍的香樟；另一种叫拉凡萨拉（*Ravensara*），叫香壳桂油，来自于丁香豆蔻（学名 *Ravensara aromatica*）这一类似香樟的高大乔木，树高 20—30 米，也像香樟一样属于樟科；但是还有一个叫作香壳桂属（学名 *Ravensara*）的成员，生长在马达加斯加，树皮带些红色，是提炼胡椒精油和茴香精油的原料。

香樟

(*Cinnamomum camphora*)

樟科 樟属

叶子又靓又有用

性状简介

- 高大雄伟的常青乔木，成株高度超过 30 米，树冠宽可达 15 米。
- 树干粗壮，树皮灰色，叶片鲜绿有光泽，略显革质。
- 春天开聚簇浅色小花，结圆球状小果实。

香樟是出色的观赏树种。它们在南方虽然常见，却往往被误认为只是一种漂亮的小乔木。其实，它们是可以长成参天大树的，只不过就连搞园艺的人也未必知道这一点。因为香樟树的树龄最高可达两千年，需要给它们提供足够长的时间才能长高长粗。如果只是去公园观赏，由于这些地方的树木多为19世纪以后栽下的，恐怕得许久许久以后再来查验才能证实这一点哩！

再度辉煌

自12世纪以来，欧洲人便开始使用樟脑油；外抹以驱虫，内服供口腔卫生和强心。进入17世纪后，它的用途更广泛。人们记得最清楚的是，樟脑油可用于按摩，以使大运动量后的肌肉得到有效放松。纯樟脑油和种种含有樟脑油的药物，都是运动员的常备之物。人们在观看环法自行车大赛时所见到的选手们亮光光的大腿和小腿，就是涂了樟脑油膏的缘故。从19世纪开始，樟脑这个多年来一直是居家良好的备用品，又再次焕发青春，从老奶奶放在手头的樟脑油，改头换面为芳樟精，从此成为草药医学和芳香疗法中的摩登用语，挂在了现代人的嘴上。芳樟精是个新名目，后文会再提及。

> **樟脑与衣物**
>
> 樟脑与黑胡椒放在一起，就成了一种很好的杀虫剂。香樟的木材有一种持久的气味，是一种长效的优良驱虫剂，行李箱制造商用它来制造存放皮毛制品的樟木箱笼，价格如今可是不菲呢！

香樟与保健

香樟有两个亚种，一个分布在日本，名为倭樟，学名 Cinnamomum camphora ssp. Japonicum；另一个盛产于中国台湾，称为台湾樟，学名 Cinnamomum camphora ssp. Formosanum，其木材也很有用。蒸馏香樟的树叶、树枝和木材，便可得到樟脑油。这是一种油状液体，其中含樟脑这一成分，提纯后成为白色固体。樟脑油富含萜烯、桉叶油醇和松油醇等有机物，可以作为松节油的替代物使用。

此外，马达加斯加岛（Île de Madagascar）上的香樟是19世纪中叶时首先作为观赏植物，出现在那里的高尚地区的。在当地人所讲的语言中，树叶是 ravina，漂亮是 tsara，马达加斯加人就将这两个词合到一起称呼这种生有美丽树叶的植物，由是便成了前文提到的拉文查拉，又进一步也用来称谓由本地香樟提炼出的樟脑油，并特别称之为芳樟精。值得注意的是，它与得自亚洲香樟的同类产品有所不同，樟脑含量较低，但富含1-8桉叶油醇，因此通常会在商品上特别标明"拉文查拉桉叶油醇"字样。这是一种重要的抗病毒药物，故成为冬季预防流感以及提高人体总体免疫机能的推荐药。

以往的家庭常备药箱里都会备有一只小瓶，里面装有一种名叫复方樟脑酊的透光液体，其中便含有樟脑油成分

长角豆

(*Ceratonia siliqua*)

豆科 长角豆属

"圣约翰的面包"

种子与钻石和黄金搭界

大家想必已经知道，不过这里仍不妨再介绍一下：长角豆树所结种子重量的均一性，是"克拉"（carat）——长角豆种子的希腊语κεράτιον辗转音译的结果——这一名称的来源。钻石的重量就用这一单位衡量。黄金合金中所含纯金的比例也以它来标明，不过这在汉语中通常用克拉演变来的"开"表示。各种古老的有关度量单位，无论是希腊的，罗马的，阿拉伯的，叙利亚的……，目前都统一以此种方式表示。

新约全书里的《马可福音》告诉人们，施洗者约翰在荒野中以野蜂蜜和蚱蜢充饥，但这些东西尚不足以果腹，他便又食用一种光滑的棕色种子来凑数。这种种子类似于豆子，颗粒不大，被包在又厚又大的有如粗糙皮革的豆荚内。他吃的就是长角豆树的种子。这样一来，它们从此就又被称为"圣约翰的面包"。

其实，这一传说中更值得注意的是圣约翰的谦恭和自我救赎精神，因为在他生活的年代，长角豆树所结果实的种子已被用作饲料喂养家畜了。它们如今也仍然是一种饲料。事实上，这些种子营养丰富，富含葡萄糖和蔗糖等碳水化合物，还带些巧克力的味道，因而在生长这种树木的地方，孩子们还将它烤着吃哩。地处阿尔及利亚北部卡比利亚地区（Kabylie）的人们也将它们埋在

性状简介

- 乔木，成株高10—12米，整体形态浑圆规整。
- 枝叶茂密，四季常青，叶片暗绿色，具特有的波状起伏边缘。
- 雌雄异株。
- 紫红色小花密集成束，雌树夏末结成硕大的棕色豆荚。
- 与油橄榄树和扁桃一样，适于在较干旱且阳光充足的环境中生长。

火炭灰里煨熟食用，还代替部分麦粉烘烤面食，以及作为糖分掺入甜点中。古埃及人也从长角豆树的果实中榨出浆汁拌到水果中，简直就相当于今天的糖浆呢！

是食品，也是药物

长角豆树的种子除了可以充饥，据说也被古代医生大力发掘出药用功能来。狄奥斯科里迪斯和盖伦，还有公元6世纪的希腊医生、埃伊纳岛人保罗（Paul d'Egine）都告诉人们说，食用新鲜的长角豆会胀气，而置干后吃，便不会造成此种不适。吃干燥的豆荚可以开胃、解胸闷、促排尿和消肠气。阿拉伯医生也确信此豆有通便与止咳的功效。前文提到的埃及人为增加甜味而拌进水果的长角豆果实榨汁，也曾被医生用来治疗腹泻，还将此物起了个拉丁文专用名称 siliquae dulces，意为"甜豆果"。虽说这种植物的果实有甜味，可树皮和树叶却都又苦又涩。

长角豆与保健

自古以来，长角豆树一直是西班牙、北非和意大利南部的栽种植物。人们也在普罗旺斯地区试种过，还在所有油橄榄树能生长的区域进行过更广泛的尝试。今天的情况又如何呢？它们被重新用于花园和绿地的美化。在制药领域，人们用长角豆加工成一种食用纤维素粉，并起名为"长角豆粉"。其实这个叫法并不贴切，因为此粉的基料是淀粉，只是添加上用长角豆树的果实榨汁后脱水而成的粉末充当甜味剂。这种纤维素没有营养，作为膳食只起填充作用，造成一种饱腹感。这就是说，它只增加食物的摄入量，但不会增加热量。出于其他原因，它也被放入有奶制品成分的甜点和出锅前的菜肴等食品中，起到增稠的作用。不过这种纤维素也有实用价值，就是特别适用于腹泻婴儿和幼童的康复。

长角豆目前在医疗上主要用于治疗婴幼儿腹泻

黑加仑

（*Ribes nigrum*）

虎耳草科 茶藨子属

没有胡椒性，却挂胡椒名

性状简介

- 落叶灌木，又名黑茶藨子、黑醋栗等，成株 1.50 米高许，柔软的茎干直立中略带弯曲。
- 叶长 5 厘米，掌状三裂，揉搓时会冒出浓烈香气。
- 4—5 月开花，通常为白色中杂有红色，成簇弯垂生长。
- 果实为黑色浆果，有光泽，果肉有酸味。

食之可明目

单吃黑加仑浆果或与黑果越橘同食可改善视力，特别是夜视能力。正因为如此，它们在第二次世界大战期间被大量供给英国皇家空军飞行员食用，以提高他们的夜战能力。这一实践经验业已得到近年研究的证实，即它们虽不是直接增强视力，但会改善眼球的供血，使之能够更充分地发挥效能。

古希腊人、古罗马人——应当说是古代的所有人，似乎都不知道有什么黑加仑，大概只是到了 16 世纪时，人们才发现它的存在。达雷尚在他写于 1586 年的《植物志》一书中提到了三种浆果成熟后也仍然很酸的灌木，并说其中一种的果实是黑色的。这样，此植物从此得名为黑加仑，又因为果实形状使人联想到大粒的胡椒，便又得到了"西班牙胡椒"的俗名。其实这种原产于欧洲和中亚温带地区的植物所结的浆果，很可能早就得到人们的食用，并在文艺复兴期间广为人知，只是没能与其他类似的浆果区分开来罢了。12 世纪的德国女学者宾根曾提到过它，在中世纪时，它的叶子便被用于制作痛风药膏。不过当时的人们在作为药物使用它时，无疑是非常谨慎的，多东斯就在 1557 年宣称，黑加仑并没有医用价值。达雷尚也在他的《植物志》中提到此种植物的果实可以作为食物后又补充说，它在医药领域里派不上用场。只有瑞士植物学家加斯帕尔·鲍欣（Gaspard Bauhin）在提到它的果实可以食用时，附加了一些从医药学角度着眼的内容。

最早确切指出黑加仑可用作药物的是一位姓弗雷斯特斯（Forestus）的医生。他在1614年煎煮此树的叶片，用来解除了一名尿潴留患者的病痛。到了1712年，法国天主教神甫皮埃尔·巴伊·德蒙达朗（Pierre Bailly de Montaran）在其所著的《黑加仑的可观药效》中，对此物在医疗领域造福人和动物的多种功效进行了最早的归纳。

黑加仑与保健

我们喜欢黑加仑，是因为它的果实很对人们的口味。除了味道好，还富含维生素C（每100克含2毫克左右）、花青素和类黄酮；后两者有保护血管壁和促进血液循环的作用，并有明显的养目功效。但从医学角度看，更重要的是这种植物的叶片。

自从人们将黑加仑的叶子作为药物使用以来，基本的利用方式一直是冲沏和煎煮两种。不过如今也越来越多地以液态提取物和胶囊的形式存在了。它们可以用于治疗关节疼痛，又有利尿和改善肾功能的作用。此外还可助消化，并能充当减肥过程中的辅助药物。它们的另一类功能是改善血液循环，特别是对静脉部分。再者还可用于缓解腿脚坠胀、防治毛细血管变脆和治疗痔疮。

用黑加仑的叶子冲沏或煎煮的水清漱口腔和喉咙，可缓解口腔的不适，解除喉咙疼痛和声音嘶哑。

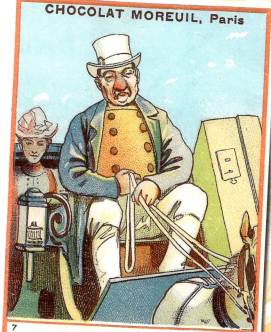

作为草药的黑加仑叶片可自行选用，无须担心安全问题，也无须征求医嘱

水飞蓟

(*Silybum marianum*)

菊科 水飞蓟属

保肝名草

乡下人经常会采摘野生植物食用，各种蓟类（蓟类植物是多个属植物的统称，为一个约定俗成的名目，意指由菊科下若干个平行的属共同形成的植物，并非国际通用的植物分类法中的一个特定单位。蓟类植物的共同特点都是草本，茎和叶有刺和白色软毛，初夏开小花，花周有托毛，结实为带冠毛的瘦果等。前文提到的菜蓟及其所在的菜蓟属、牛蒡及其所在的牛蒡属、本节植物所在的水飞蓟属，以及另外几个属都在蓟类之内。——译注）的根均在此列，不过多数味道发苦。水飞蓟便为其中之一。此外，它的叶子与菠菜相类，茎干嫩时有些接近芦笋，种子经烘烤后亦可成为咖啡的替代品。

水飞蓟又称奶蓟，被认为也同前文提到的菜蓟一样有保肝功能。它的诸般药用价值都与此器官相关。中世纪的人让忧郁症病人服用水飞蓟，理由是相信此种症状系由黑胆汁过多引起，而此种胆汁正与肝关系密切。此外，用它的根泡成药酒可治呕血、胃弱和腹壁松弛，还能促进排尿。它的种子又适用于治疗小儿惊风。

近年来的进展

水飞蓟的传统医用价值如今已然得到证实，而且近几十年来更被引入若干种治疗肝脏和胆管疾病的药物制

性状简介

- 两年生草本，成株高度在80厘米—1.20米之间。
- 淡绿色叶片，边缘有小波纹并生尖锐硬刺。
- 基生叶具叶柄，排列成莲座，下部叶片大而宽，上部叶片变小变窄，呈披针形。
- 叶片上遍布白色网纹。
- 红紫色小花形成头状花序，果实为瘦果，顶端生有冠毛。

剂。人们在1968年发现，这种植物中富含一种叫作水飞蓟素的活性物质，而且遍布全植株，尤以种子含量最高。

从19世纪起，医生便将水飞蓟纳为处方药，用来治疗有关血液循环、静脉曲张、月经不调和肝脏、胆囊及肾脏充血等疾病。水飞蓟素目前被认为是摄护肝脏最有效的药物之一，可用于预防和治疗黄疸、胆结石、肝炎及肝硬化。

古人最早明确注意到的水飞蓟的医用功能，是其种子可对症毒蛇和其他有毒动物的咬螫。这在好几个世纪的不同古书上都有明文记载。事实上，它之所以成为治疗肝硬化的药物之一，最初就是因为发现其有救治误食黄绿毒鹅膏菌这一毒蘑菇的功效。在此基础上，经过进一步观察，临床医生注意到水飞蓟对各种天然毒素——包括蛇毒、毒虫分泌的毒液和毒蘑菇中所含的多种毒性物质都有除解作用，还可对症酒精性肝炎。这就是说，水飞蓟素能抗衡为害肝脏细胞膜的毒素，起到保护该器官组成细胞的作用。

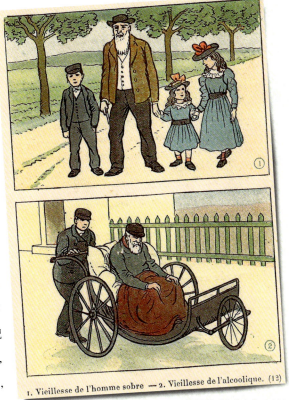

1. Vieillesse de l'homme sobre — 2. Vieillesse de l'alcoolique. (12)

俗话说："有的老爷子真精神，有的老爷子醉乾坤。"两者不可得兼，哪怕用上水飞蓟也不管用

水飞蓟与保健

水飞蓟的植株可在药店买到，其果实也被纳入《法兰西共和国药典》。该药典上写明它的功能是对症由肝功能异常导致的种种消化功能障碍。此药草可直接冲泡饮用，药店也提供水飞蓟胶囊。

奶蓟一名的由来

水飞蓟的俗名之一奶蓟来源于一个传说，说此物叶子上的白色网纹是当年圣母马利亚为了不让希律王害死圣婴耶稣而匆匆出走时，有几滴奶水滴到了这种植物的叶片上所致。因此它被用来喂养母畜以催奶。其实即便不为这一目的，它也可作为一种饲料喂养各种家畜与家禽。

绊根草

(*Cynodon dactylon*)

禾本科 狗牙根属

健康之眼

性状简介

- 多年生草本植物，成株10—40厘米高，生有发达的根茎，蔓延力强，富入侵性。
- 叶子呈披针形，硬挺，长2—15厘米长，宽4毫米。
- 花朵在茎的顶部形成穗状花序，一般有3—6穗，每穗含两排小花。

在民间医药中，有两种植物长期以来一直被医生不加区别地混用。一种是绊根草，俗名狗牙根，学名 *Cynodon dactylon*；一种是偃麦草，俗名小狗牙根，学名 *Elytrigia repens*。这两种植物分属不同的植物属，但在传统医学实践中却被用于同样的病症，这足以使当时的医者困惑。然而有许多证据表明，偃麦草只是从17世纪初才开始为医生所用。希腊和阿拉伯医生发现，绊根草的根茎这一地下部分是良好的利尿剂，用来泡茶还有润肤的功效。它又可用于治疗水肿，通常会与其他利尿剂一起使用，摄入时可加入蜂蜜。在普罗旺斯和科西嘉（Corse），人们一向用它冲泡成药草茶，用来治疗高血压和尿潴留。此茶被沿用了多个世纪，不过直到19世纪才被引入医院，适用症也与传统医学相同，但只限于伴发炎症的病例。1813年，一位名为申克（Schenk）的医生声称，他掌握了一种医治胃部、乳房和幽门等器官发生病变的有效疗法，其中便用到煎煮得很浓的绊根草汤剂。

在很长的时间里，人们都将绊根草的地下部分称为根，其实这是不对的，不是根，是根茎，也就是长在地下的茎干

曾一度风行

在 20 世纪，莱克勒克证实了绊根草的根茎确有排毒、利尿和润肤的功效。他还进一步认为，此根茎又兼备发汗与退烧的功效，可用于治疗口干舌燥，并有助于缓解风湿病和痛风的折磨。

北非国家的民众今天仍用绊根草来消解泌尿系统的炎症。

绊根草的根茎含糖量较高，因此可在食物匮乏时作为代食品。将它们干燥后碾磨成粉，便可用于烘烤成类似于面饼的吃食。它们也被用来酿制啤酒，还曾用以烘焙后代替咖啡豆磨煮饮用，不过这两种饮料都只流行过一时。

绊根草与保健

作为医药，绊根草的基本作用就是利尿，具体而言是涉及泌尿系统的各种病痛，如消除尿道炎症、清排潴留、预防肾结石，还可治疗膀胱炎。在传统医学中，此物亦可作为风湿病或痛风治疗的辅助药物。绊根草的根茎被收入《欧洲药典》条目，可在药房购得。

人们已从绊根草中提取出一种具有灭菌作用的精油。检测表明，此种植物的根茎中含有可杀灭多种细菌以及若干种念珠真菌的活性成分。

动物有病也管用

狗和猫会无师自通，知道吃绊根草的叶子以清整自己的肠道。正因为如此，它还得到了一个俗名狗苣菜。卡赞医生也在 19 世纪指出，牛在入春后会吃它的嫩叶以自清肠胃。在这种野草大量生长的地方，农夫们也会在开春前以它的草叶榨汁给家畜饮服。

葡萄叶铁线莲

(*Clematis vitalba*)

毛茛科 铁线莲属

被遗忘的植物

性状简介

- 藤蔓灌木，成株爬长10—30米。
- 单叶或奇数羽状复叶，叶缘略呈齿状。
- 白色单层花冠，四片花瓣，花上花下均生纤丝，整体形成圆锥状聚伞花序。
- 果实为瘦果，顶部有类似棉絮的银白色纤长蓬毛。

让我们在这个天然小药房里驻足片刻，对一种本当抛诸脑后的植物说上几句。应当说，它具有人们长期使用的历史，结果只是向人们强调着一点，即人们曾经利用过的事物，并非一概都是美好的；大自然将万物营造出来，也并非专门要为人类造福。这里所指的就是在地中海一带十分常见、自古以来便为当地人非常谨慎地使用的攀缘植物葡萄叶铁线莲。老普林尼告诉人们，此物的干净叶片可用来抑制疥疮引发的奇痒，狄奥斯科里迪斯和盖伦也表示认同，因此，在整个中世纪乃至更早的时期，它都被用于对付疥疮。当年在阿维尼翁（Avignon）行医的一位姓维卡里（Vicary）的医生和另外一些医者，就曾用剁碎的葡萄叶铁线莲叶片拌上橄榄油涂抹生有疥疮的部位。另一位叫瓦东（Waton）的医生也宣称，取得了治愈60例带状疱疹病人的成绩。其方法是，每天用捣碎的葡萄叶铁线莲根和老茎在滚热的油中浸过后揉搓患处。他提到所用的茎干须是至少生长了两年的，这点很有必要强调，因为老根的刺激性相对不那么强烈。此外又有一位叫施威居埃（Schwilgué）的医生，报告自己治疗疥病人的经验，用的是橄榄油浸过的葡萄叶铁线莲的新鲜叶片。类似的医案还有不少。

小心操作

人体的黏膜和皮肤若沾到葡萄叶铁线莲的汁液，便会发生糜烂；若是新鲜榨得的，造成的状况会特别严重。乞丐们知道它的这一作用，因此一些"叫花子专业户"便会用来揉搓自己的手和脸，以获得更可怜的外貌骗取怜悯。这也正是它的一个俗名"叫花子藤"的由来。葡萄叶铁线莲也如同许多会造成刺痛感和烧灼感的植物那样，被列入用以"疏导邪火"的偏方，以涂布在四肢上的对策转移坐骨神经痛、风湿、神经炎等疾病引发的疼痛。乡下人更会直接将它的叶子弄碎后敷在受痛风折磨的脚上，以引发水疱的方式分散患者的苦楚。

将葡萄叶铁线莲的新鲜叶子弄碎后敷于足根处，还可以缓解坐骨神经痛发作造成的不适，但须以不超过几分钟为限，时间过长会导致肌体组织坏死。

葡萄叶铁线莲与保健

葡萄叶铁线莲之所以会导致糜烂，是因为其中含有的一种叫作原银莲花素的物质，会在与皮肤和黏膜接触时引起发炎和过敏反应。前人在施用时的极度谨慎，使得人们如今已经不再用它了。不过也在这里附带提一句，一些植物为了自卫，会将这种物质转化成有抗生作用的白头翁素。所以，我们还是应当容许有这种本领的植物尽量进化吧。

也称"叫花子藤"的葡萄铁线莲，可让乞丐变成"丑八怪"

瞧这一家子！

石龙芮（学名 *Ranunculus sceleratus*）等若干同属毛茛科的植物，也含有与葡萄叶铁线莲相同的活性物质，故都被乞丐用来刺激皮肤，使之产生过敏反应，以造成可怜的外貌。这正是人们常称之为"造假毛茛"的由来。

虞美人
(*Papaver rhoeas*)

罂粟科 罂粟属

罂粟属中的无害成员

虞美人是一种野草，喜欢生长在经过翻耕的土地里，故成为农田里的常见杂草。它可能源自土耳其或保加利亚，并因谷物种植的普及遍布整个欧洲。可以说，它简直已经有了与农作物比肩的地位，无论在哪里都与得到人类耕作的第一批植物同样古老，也因之自然成为传统药用植物中的一种。它的医疗功效是稳健的，一如它的花朵的形态：既绚丽又简单。但它的花朵——或不如说它的花朵所特有的红色，使人们对这种植物产生了特殊感情。

大家族里的好子弟

虞美人与鸦片罂粟（学名 *Papaver somniferum*）是同属的堂兄弟，因此令古人认为它们有相同的特性，只是前者的作用远没有后者强烈。鸦片罂粟会令人上瘾，虞美人则只会使人安静下来继而沉睡。狄奥斯科里迪斯也好，盖伦也好，达雷尚也好，还有别的一些人也好，都告诉我们

性状简介

- 有直立茎干和诸多细柔分枝的草本植物，通体生有短毛，叶片8—15厘米长，色嫩绿，狭卵形轮廓下形成披针状深分裂。
- 花为顶部单生，花蕾长圆形，覆硬毛。
- 红色花朵，波纹花瓣，基部有大黑斑。
- 结蒴果，内含大量黑色细小种子。

说，虞美人这植物，它的根、茎、叶、花或果实，无论是加入葡萄酒，拌入蜂蜜，或者与这两者共同掺到一起，也无论是冲沏还是煎煮，哪怕就是直接生食，都只会起到同一类功效的作用，就是让人瞌睡、嗜睡、沉睡。它的种子被放入蛋糕、馅饼和面包，成为今天许多面点店的常用辅料。希腊人用它应对轻度的和偶然的便秘。如果说它的通便作用相当和缓，它在另一方面的功用也是比较适度的，就是能够镇咳。阿拉伯医生将虞美人的花朵叫作"止咳花"。目前的科学又表明，这些花朵中所含的胶浆有不错的润肤效果。此外，人们还已经发现，它们对小鼠的镇静作用无疑可归因于其新鲜花瓣中所含的丽春花碱（此外，摄入此物的老鼠也从不曾表现出咳嗽，证明它有着双重功效）。

很久以前人们便发现，虞美人有神妙的催眠能力，还可用于医治咳嗽

虞美人花朵颜色殷红如血，这在很大程度上激发了古代医生的遐想，结果是超出了理性范围，令他们的逻辑未能在合理的大前提下运作，结果是使这种植物被赋予了种种强大的功效，如止鼻血、停妇女月信、治疗溃疡、遏制"心火"，以及医治人们，特别是儿童面部和口角处的疮疖。

虞美人与保健

今天的人们比较注重的是虞美人花朵的药用价值。干的虞美人花瓣是刊入《法兰西共和国药典》的条目，用药方式为口服糖浆或冲沏饮用，均有定心安神和镇咳宁喘之效。

四花健肺药草茶

让我们记住，虞美人可使入睡更容易，也睡得更沉。它又被用于民间一种叫作"四花健肺药草茶"的成分——说是四花（毛蕊、虞美人、欧锦葵和款冬的干花），其实往往也扩大为七种。可以在家制备这一治疗肺部不适的偏方药，过程容易至极：取毛蕊、虞美人、药蜀葵、欧锦葵、蝶须草、款冬和堇菜的干花各15克，以一杯开水对一茶匙这种混合物的比例冲沏，10分钟后过滤饮用。开始时每天建议饮四杯，过一段时日后可酌减。

地中海柏
(*Cupressus sempervirens*)

柏科 柏木属

球果入药

地中海柏的木材质地密实，据说特别能防腐，因此是为地中海地区权贵打制棺椁的重要材料。不过在它们为死者服务之前，尚可为活人效力。有关的医学记录十分古老，最早的源自亚述人的文字记载，于今至少有 2500 年了。此种树木原生于爱琴海（Mer Egée）诸岛、叙利亚和伊朗，随后扩展到整个地中海地区，遍布于西班牙、西北非沿海区域、意大利以及法国南部。远在希波克拉底的时代，医生们已经将它用作收敛剂和止血药了。多少个世纪以来，地中海柏一直被用于治疗发生在静脉部分的血液循环障碍和静脉性充血，以及恢复因感染受到影响的呼吸功能。这在今天也仍然如此。在这些方面，古人的大方向是对头的，但多少有些偏差。比如，公元 4 世纪时在高卢地区行医的马塞勒斯·安皮里科斯（Marcellus Empiricus）便说，将地中海柏熟透的果实捣碎后加入陈年葡萄酒，对止咳会有奇效，但必须要用奇数枚。他又在另一个偏方中说，此种树的绿叶芽与骡蹄一起烧成灰，对预防谢顶有效。更有甚者，是阿拉伯人会在行割礼后，将磨成细粉的地中海柏树的籽儿点撒在受者的伤口处。

性状简介

- 地中海地区的代表性乔木，树干笔直、修长，成株高度可达 20 米。
- 树皮灰褐色。
- 多分枝常绿鳞叶，粗 0.5—1 毫米。
- 花朵小且不起眼，结绿色球果，木质化后颜色转为棕灰。

地中海柏与保健

地中海柏的果实——通常称为"柏果"或"柏球"——最应受到关注。人们会在冬天到来之前，采摘未完全成熟的果实进行蒸馏，有时也对地中海柏的枝叶进行同样的加工。蒸馏的结果是得到一种油状液体，不难闻出它发出的是强烈的樟脑气味。这种气味，人们会在热气蒸腾的夏天，在这种树林的附近闻到，它也会弥散在广植松柏的公墓里。正因为后一种原因，这种油被一些人称为"墓地精油"。不要不喜欢它，因为这种油具有美好的药用特性。

生命的奇迹

我们是否已经失去了叹服造化之功的能力？大家来分享一下达雷尚从观察中体验到的惊奇吧。他惊讶地发现，一颗小到连一只蚂蚁都能吃掉的地中海柏树种子，竟然可以长成参天巨树："从这么小的种子，可以长成如此巨硕的大树，真要惊叹大自然的神奇！蚂蚁非常喜欢吃这种树的籽儿，如此微小的身体，居然会干掉如此巨大树木的源头，更是令人称奇。"

如今，这种柏树油被用于增强静脉壁功能、消除充血、防治感染、镇咳止喘、解除局部肌肉痉挛和稀释过稠的体液。在用柏树油对患有通常称为"坠胀腿"的下肢进行按摩时，应以轻柔的手法进行，按摩方向须从肢端指向躯干，以促进静脉回流。（还须注意不要使用纯液，以免刺激皮肤。）此油对痔疮和支气管、肺部疾病也有疗效。

柏树、柳杉、松树和冷杉这几种针叶树，都能大量提供制作止咳糖浆、镇咳口香糖和咳嗽含片的原料

狗蔷薇
(*Rosa canina*)

蔷薇科 蔷薇属

名中虽带"狗"字，并非可医犬疾

这一学名为 *Rosa canina* 的植物得到狗蔷薇这一称法由来已久，原因是因为它的根可以对症狗咬致伤。古人很早便知道这种植物的医用价值。古希腊人用这种野生植物的单瓣花治疗喉咙和扁桃体发炎以及感冒，并将其果实用来吸附潮气、收敛伤口和医治尿频。此种灌木的果实（严格的说法是附果）叫作蔷薇果，色泽红艳，含有丰富的维生素C，在任何生长阶段都可制成美味的果酱。但如果在制果酱时不先将果肉里含有的大量有刺激性的细毛去除，那可就有麻烦了，因为吃下后会造成肛门瘙痒，这便使这些细毛得到了"刺痒毛"的名目。

为"刺痒毛"说句公道话

不过在另一方面，这些"刺痒毛"又可用来驱除肠道里的寄生虫，特别是头部武装着钩子、用以附着在肠壁上的可怕绦虫。

蔷薇果内的细毛有驱虫效果，这是卡赞医生在19世纪予以确认的。此外，人们还注意到这种果实有遏止恶心和胃痉挛的效力。用它制成的糖浆是一种泻药，已经有几百年的制备史了。从那时起直到近年来，富含维生素C的蔷薇果一直被用来预防坏血病，茎干的外皮部分经煎煮后，也用来治疗腹泻。

加工蔷薇果时须逐一切开，将里面的刺激性细毛

性状简介

- 攀缘灌木，也可半匍匐蔓延。
- 茎干柔韧，生有细小的钩状刺。
- 五个或七个小叶共同形成羽状排布；叶片无毛，有光泽，呈卵形，边缘有锯齿，顶部有尖，枯死后会经久残挂枝头。
- 单层花冠，每3—7朵花聚成一束；果实为椭圆形附果，称为蔷薇果，大小1厘米左右，初现时色白，成熟后转为红色。

狗蔷薇花的萼片形如指甲,存在时间很短,古人曾拌以熊脂治疗脱发,并且长时间沿用过。此物用来打绦虫也有效果,不过目前已有更好的治法

去除。更应谨防误食对神经系统和心脏有毒性的种子。

狗蔷薇与保健

体虚者和属意增加体重者,可以口服蔷薇果,尤其是在入冬季节,以增强人体免疫力,更好地预防流感和伤风。蔷薇果沏水饮用,可应对尿频和肾脏不适,尽可全天饮用。经常熬夜者大可喝些浸泡了狗蔷薇干花的葡萄酒。据信此果酒还可外用,以鹅翎蘸敷或直接涂布均可,对头痛、耳痛、眼部不适均有效果,还有利于牙龈、直肠、肛门和子宫的养护。

此灌木可产佳瘿

狗蔷薇的植株上有时会长出一种特殊的虫瘿,叫作缠丝瘿,俗名"罗宾的针垫"(罗宾是欧洲流传的民间故事中经常出现的角色,有许多怪癖,既行善事,也乱折腾,形象通常被描绘成人头、羊角和羊蹄。——译者),系由一种学名叫 *Cynips rosae* 的小黄蜂为产卵造出的。此虫瘿有防治腹泻的功用,又可对症尿潴留和小便淋沥热痛。得了后一种病,排尿时得一滴一滴地硬挤,难受得有如被凌迟——可知不只是古代中国人会遭这种罪愆。除了可解排尿时的困厄,此虫瘿对预防生成肾结石,也有不错的效果。

桉属
(*Eucalyptus*)

桃金娘科

会淌黏浆的保健树

如果想从古代典籍中或者圣经中寻找有关桉树的哪怕只言片语,都只会是徒劳。不过人们从 18 世纪开始进行的大量探索表明,像桉树这样的奇特植物实在多不胜数。对这一属植物的最早科学记录,是约瑟夫·班克斯(Joseph Banks)和丹尼尔·索兰德(Daniel Solander)于 1770 年在澳大利亚东部做出的。又过了十多年,即 1788 年时,在伦敦工作的法国植物学家夏尔·路易·莱里迪埃(Charles Louis l'Héritier),根据英国园艺师戴维·尼尔森(David Nelson)1777 年随库克船长(James Cook)第三次太平洋远航期间,在塔斯马尼亚(Tasmanie)东南角处的布鲁尼岛(L'île de Bruny)采集到的该植物属中的一种,起了一个拉丁文名称 *Eucalyptus obliqua*,从此才有了 *Eucalyptus*——桉树——这个词语(*Eucalyptus obliqua* 后来又成为此树的学名,而且被定为整个桉属的模式种。它的中文名称为斜叶桉。附带提一下,桉树属还有一个中译名"有加利",系根据其学名音译而来。——译注)。人们对该属植物可用于植树造林、提供木材及医药制备等潜在用途的兴趣,使得各种桉树迅速在整个 19 世纪里受到重大关注。它们是在欧洲真正扎下根来的唯一一类有香气的大型外来乔木,法国南部和科西嘉岛的公园和花园里都为数不少。

蓝桉

1791 年,法国探险家安托万·布鲁尼·达昂特勒卡

性状简介(以学名为 *Eucalyptus globulus* 的蓝桉为代表)

- 成株高 40—60 米的乔木,浅棕色树皮,可大片剥落。
- 幼叶卵形或心形,覆盖着多量黏性白色霜粉,叶片长成后微弯如镰,革质,绿中略带蓝色。
- 白色花朵,直径 3—4 厘米,雄蕊长而显露。
- 果实表面凹凸不平,并生有四道棱。

斯托（Antoine Bruni d'Entrecasteaux）带领一组人马，赴南太平洋搜寻由法国贵族拉彼鲁兹伯爵（Jean-François de Galaup, comte de Lapérouse）率领的失踪探险队。法国植物学家雅各-朱利安·胡东·德拉比亚尔迪埃（Jacques-Julien Houtou de La Billardière）参加了这次搜寻。1792年5月6日（对不起，我无法提供小时和更小的时间单位的数据，不过植物学能够将时间数据提供至如此的精确度，实在是难能可贵的哟！）他在范迪门地（Terre de Van Diemen，即现今的塔斯马尼亚）第一次见到了蓝桉树。他很快就注意到，这个岛上到处都是这种乔木，而且与该岛北面的澳洲大陆的森林同为一体。此树给他的印象极为深刻，树身大多高达50米上下，估计若到全盛时可超过100米。根据此树的生长速度，人们自然会将植此树、造此林列为要务。最早来澳大利亚定居的欧洲移民，所从事的工作多为伐下一株株粗大的蓝桉，加工成又长又宽的板材。

在整个19世纪下半叶，英国的轮船和澳大利亚的捕鲸船，都是用这种木材打造的。

正是蓝桉的这一突出优点，使一些人想到在南欧开辟此树的种植园。一位姓拉梅尔（Ramel）的人在巴黎地区进行了最早的大面积栽种，也取

> ### 桉树来到欧洲
>
> 桉树一开始是作为新奇之物被栽种在欧洲的若干植物园里的。1804年3月，第一株桉树在法国的巴黎植物园亮相，立此功劳的是法国园艺师安托万·吉舍诺（Antoine Guichenot）；1808年，一粒桉树种子在意大利那不勒斯的一座花园入土栽培；1829年时，还是在同一座城市，一株蓝桉在那不勒斯大学植物园里出现，并得到了"巨人桉"的称呼。学名为 *Eucalyptus robusta* 的大叶桉于1825年在意大利生根；1838年又在伦敦周边落户。1828年，瑞士植物学家奥古斯丁·彼拉姆·德堪多（Augustin Pyrame de Candolle）对自己在拜望著名巴黎植物学家与农学家路易·克劳德·努瓦塞特（Louis Claude Noisette）时看到的又一种桉树做了详细描述。此树名为塔斯马尼亚脂蓝桉树，简称脂蓝桉，一度曾有学名 *Eucalyptus glauca*，后来被归结为蓝桉的一个亚种，学名 *Eucalyptus globulus ssp. globulus*。

其实，我们早就该对与桉树有关的含片、糖浆和栓剂做介绍了

得了颇为轰动的成功,但同时也使人们认识到,包括蓝桉在内的所有桉树,都需要温度更高的生存环境,由是便想到改在西班牙、北非(特别是阿尔及利亚),以及法国南部种植。只不过在欧洲这里,桉树的种植始终未能形成产业化,倒是在医药领域取得了成功。

桉树大夫

桉树生长迅速,原因之一是它能够从土壤中吸收大量的水分。这就使人们想到可将它们大量栽种在沼泽地区,以进行有效的湿地改造。法国南部的朗格多克地区(Languedoc)、意大利的科西嘉岛和波河平原(Plaine du Pô)、阿尔及利亚的马迪加平原(Mitidja)等地,都是这样的目标地区。水多,蚊子便也多;蚊子多,患疟疾的人便也多,因此桉树就与疟疾有了瓜葛。也正因为如此,西班牙语中竟将疟疾谬称为桉树热呢。

但在这里特别值得大书一番的是,得自桉树的精油——桉叶油(又称桉树油)的净化空气能力和消毒功能。19世纪70年代,法国

有病亦可求桉

在草药医学里,学名为 *Eucalyptus radiata* 的细叶薄荷桉也有与蓝桉相同的功效。不过它与蓝桉一样,都不得施用于哮喘病人(也有人不这么认为),婴儿和儿童也须慎用。

这种能够造成吸入新鲜空气的美好感觉是桉叶油造成的。商标名为"萨蒙含片"(Pastilles Salmon)的商品及其他也含有此油的若干成药都具有这种功效

L'Eucalyptus

化学家弗朗索瓦·克洛埃（François Stanislas Cloëz）等人，对这种精油以种种可能的方式在大量动物活体和非活体（大鼠、青蛙、兔子、鸟类、豚鼠……）的不同组织上进行试验，而后又施之于人体，由此证明它具有一种非常稳定的延缓或遏止腐坏的本领。它甚至会导致一些组织木乃伊化。此精油还具有舒缓精神和消减充血的功效，但剂量不能过高，否则反会形成刺激。在使用桉叶油熏蒸或涂敷时，如果同时以电子烟的方式吸入一些，还能缓解咳嗽和咽部的紧压感。

桉树与保健

蓝桉，特别是枝条断开后会渗出丰富黏液的亚种脂蓝桉，成为常用草药已经有很长的历史了。将蓝桉树的叶子和/或树皮简单蒸馏一下，就可以得到一种精油，名叫桉叶油或者桉树油，其中含有丰富的1,8-环氧对孟烷，有很强的消毒能力。它可用于治疗泌尿系统疾病，但更能发挥作用的领域是呼吸系统的所有器官：既可对抗感冒和支气管炎，又可祛痰、消炎和缓解充血。在洗桑拿浴时，可以用电雾化器将桉叶油打成气雾，这样吸入肺中的效果，要强过上辈人所采用的传统方式——在一大碗开水中放入一两片干的桉树叶子，连头带碗罩在大毛巾下闷上好大一会儿直到脸上通红为止。蓝桉树叶也有很好的退烧功能（洗盆浴时，以加入2—3升用此叶沏出的水为度）。如有口腔和牙龈不适，也不妨咀嚼一些蓝桉叶片。

手帕里滴几滴桉叶油，便可吸附恶浊之气

无花果
（Ficus carica）

桑科 榕属

树奇，会出"奶"亦奇

富含多样酶

近年的实验室研究显示，无花果树的乳液有抑制某些肿瘤生长的效力。此液含有多种酶，含量也普遍较高。这正是古人用它来保持肉质鲜嫩或用于制作奶酪的原因。

无花果树原产地中海地区，并曾见诸圣经。无花果、油橄榄和葡萄，是最常出现在古代文献中的三大植物。在圣经之前的所有有关植物的古籍中也都提到过。无花果的果实并非真正意义上的药物，它主要是一种很有营养的食物，与椰枣和大枣的地位相当。古希腊的竞技选手以它为增强体力的理想食物。对这种果实的赞誉持续了多个世纪，也得到了医务界的广泛关注。

清脏腑、开胃纳

16世纪时，在法国普罗旺斯地区艾克斯城（Aix-en-Provence）开业的医生安托万·康斯坦丁（Antoine Constantin）第一个指出无花果能够通便："无花果容易输运，又可长期保存，且易于消化，不会长时间滞留于胃部；又在吸收后变成良好有益的血液，并有助于排尿和净化胸、肺和肾脏产生的废物，保持身体的清洁和纯净。午餐前一小时或更早些时吃上一打无花果，便可达到饭前

性状简介

● 成株高6—15米的落叶乔木，枝繁叶茂，树干内有空腔，含白色乳液，木髓部较厚。

● 大叶片，深裂，叶面粗糙，有香气。

● 会开花，但肉眼看不见，故得名隐花，也不单称花期，而合称为花果期，时间6—10月。

● 果实系从花托转变而成，并非严格符合果实的定义，果肉滋味鲜美，瘦果种子含于其内。

清空肠胃的目的。"

虽说许多著述都指出无花果对肠胃的益处，但人们长期以来又一直认为，倘若吃得太多，便会生虱子和长疣疱。似乎越是未必可信的说道，便越有机会得到流传。有报道说，有个孩子吃无花果太多积了食，结果便长了个硬硬的大扁疣。更有一位17世纪的医生扎库流斯·卢西塔尼科斯（Zaculus Lusitanicus）告诉人们说，一位孕妇因吃了太多的无花果发起了高烧："给她放血，给她抽液，稳定胎儿所在处的体位，却都没有效果：孕妇抽搐得厉害，腰腹部严重变形，胎位狂乱地移动……这场病变最后以红色丘疹的大面积爆发收场。胎儿顽强地活了下来，但提前一个月早产。"

无花果与保健

干的无花果有润肤、养肺和滑肠的功用。它们是人称"四果养肺茶"的一种成分——另外三果是椰枣、葡萄干和大枣。以往人们还喝过一种名为"无花果咖啡"的药饮，是用烤过的无花果磨成粉加水熬成的汁，因为颜色接近咖啡而得此名，可用于治疗急性肺炎、支气管炎、百日咳或黏膜炎。

很多人都看到过无花果树的叶柄断裂后，会渗出乳白色的液体。可以将这种液体作为药物直接涂在疣疱或鸡眼上。民间一向认为，涂敷后须待果液完全干燥，方会发挥效力。在牛奶中煮过的鲜无花果薄片，有助于对症便秘。

药店里出售用无花果熬成的糖浆有润肠效能，且服之可口

球果紫堇

(*Fumaria officinalis*)

罂粟科 烟堇属

让人流泪的药草

性状简介

- 一年生草本，成株高度30厘米到1米不等，分枝散铺，有攀缘性，二回羽状复叶，叶片较小，淡绿色。
- 花色从奶白到粉红不等，花瓣顶端均呈深紫色，有刺激性气味；每5—20朵密集成簇。
- 生命力顽强，道路旁、瓦砾中和堤坝上都可生长。

在农村，人们常说将球果紫堇埋入土壤会有助于提高肥力，就如同施用绿肥。不过它的这一作用似乎不如其俗名的由来有趣。此草有若干个俗名，其中一个是"土上烟"。在法文中，球果紫堇写作fumeterre，更是"fumée"（烟）与"terre"（土）的连缀结果。就连它的上一级（烟堇属）的学名*Fumaria*，也脱胎于拉丁文中的"fume"（烟）呢。此物的名称中带个"烟"字有不止一个缘由：一个是因为其细小叶子的轻微摇曳姿态颇有烟雾升腾的诗情画意；另一个是它闻起来有一股煤烟的气味；再一个原因是从这种植物榨得的汁液气味十分辛辣，一旦闻了就会流泪不止，如同遭了烟熏似的。正因为如此，采药人和药草师傅也往往用另外一个俗名"寡妇泪"来称呼它。古人注意到球果紫堇的这种特点已有数百年了。达雷尚在他的著述中便这样归纳说："用这种草榨汁服用，能够让眼睛清爽明亮，如同驱散了烟雾；它也能让眼睛流泪，如同被烟呛眯了眼一样。它的名称就这样与烟搭上了关系。"

> **球果紫堇可助明目**
>
> 此种植物业已被证明有解除胆管内奥迪括约肌[胆管末端负责向肝脏输送胆汁等消化液的肌肉细管，以发现者意大利籍解剖学家鲁杰罗·奥迪（Ruggero Oddi）的姓氏命名。——译注]的痉挛，从而恢复胆囊正常排放胆汁功能的功效。

养好肝脏享寿百年

古希腊人主张对患肝静脉阻塞和相关疾病者施用球

果紫堇。狄奥斯科里迪斯和盖伦各在公元 1 世纪和 2 世纪时指出，这种植物有调节胆汁分泌和维系肝功能的能力；而且既能舒肝健胃，也可对其他功能不足的内脏器官的恢复有辅助作用。阿拉伯人也用它来增强食欲、调节胃部功能和促进胆汁分泌。几个世纪以来，庄户人家一直用球果紫堇排毒和保胆，并给它起了诸如尿血停、消疳草等多种俗名。普罗旺斯地区还流行着一种传闻，说这种草能够让人获百年阳寿，并说桲树和当归同样有此功效。球果紫堇也可用于外敷，以治疗瘙痒症和疥疮等皮肤病。16 世纪的人们还曾以它润肠、轻泻及排毒。不过此物对皮肤的作用是否应归功于对肝脏和胆囊的效力，目前仍尚无定论。

人们喜欢球果紫堇，也利用球果紫堇

球果紫堇与保健

今天的人们会在夏季球果紫堇开花时连花带茎采下，干燥后保管好，以供来年春天之用；或可直接冲沏成药草茶，亦可以胶囊形式吞服；以连续服用 15 天为一个周期，停服 10 天后再续服一个周期。服之可排毒、利尿、解痉、舒胆，亦有助于调节肝功能、改善消化，并通过所含的一种叫作原阿片碱的有机化合物发挥镇静作用。由此可见前人所言诚为不虚。

球果紫堇茶的冲沏以每升水中放入 25—50 克干料为宜，浸泡 15 分钟后饮用。日饮 2—3 杯，便可令消化顺畅，并化解胀气。

再提一句

狄奥斯科里迪斯曾经提到，球果紫堇会阻止毛发再生。想必有些爱美之人很愿意用它来防止被刻意拔掉的眉毛重新长出来吧。

酸刺柏
(*Juniperus oxycedrus*)

柏科 刺柏属

酸刺柏，出精油

当你在地中海地区，特别是法国东南部瓦尔河（Le Var）流域的丘陵地带漫步时，很有可能会在遍布的灌木丛之间，看到一些石墙残体或其倾圮而成的乱石堆。它们当年是做什么的呢？说是供牧羊人避风雨的石窟吧，似乎太小了点儿，说是面包炉或比萨炉吧，却又有些嫌大。既然都不像，那又会是什么呢？面对这样一个虽然不很大却也有模有样的构筑，你是否会想知道底细呢？告诉你吧，谜底就是当年用酸刺柏木提炼刺柏油的作坊。

刺柏油是如何炼成的

秋收过后，火灾危险减少，正是适于采集酸刺柏木炼油的时节。炼油作坊内套一个名叫"法比"的类似壁龛的部分，也用石料砌就，供堆放一段段截成15—20厘米长的酸刺柏木段之用，每座炼油作坊内每次的放入量为250千克。"法比"外壁和炼油作坊内墙体之间的空间（石块间的缝隙都用土封死）是放烧柴的地方（敛集这些烧柴，同时也就清理了森林里的死树和枯枝败叶）。启用炼油作坊后，每一批的举火时间为24小时。在此期间，酸刺柏中的油液便开始慢慢渗出，并顺着预先安排好的空当汇聚到一起，整个过程会持续4—6周。这样漫长的炼制周期，

性状简介

- 乔木，幼龄时树高4—6米，有规整的圆锥形树冠，大龄后树冠生长趋于不定型。
- 叶体浓密，由一组组细而窄的针叶形成，通被白粉；每组针叶均为轮生的三根；绿色中带有不同程度的蓝灰色调，又具两道纵向白条纹。
- 花期2—5月，花朵不显著，结肉质浆果，成熟时先呈红色，继而转黑。
- 下分两个亚种，一种叫大果刺柏（学名 *Juniperus oxycedrus* ssp. *macrocarpa*），果实相对大些；一种叫垂枝刺柏（学名 *Juniperus oxycedrus* ssp. *oxycedrus*），枝条因柔软而低垂。

球果也是宝

现代科学揭示出刺柏油具有抗风湿功效和消炎性能，并证实该植物对结肠炎和新生儿坏死性小肠结肠炎也有潜在的疗效。请记住，将包括酸刺柏在内的若干种刺柏的球果——名为杜松子——作为食材，不仅能增添食物的风味，还可促进消化呢。

使作坊只能有三年左右的寿命。人们如今能够看到的，就是当年这些筑体的遗迹，在有心者的关爱下得到了保留和看管，值得我们感激。

酸刺柏与保健

饮用酸刺柏果实冲沏的水，对膀胱炎和肾结石会有疗效。另外两种通常生长在灌木丛中的柏树，其果实也有同样的功用。但若要以不充分燃烧方式炼制刺柏油，原料却只有酸刺柏一种。刺柏油是一种黏度接近焦油的液体，深褐色，在光照下呈现红色，有很强的刺激性气味。在农村地区，人们用它来对症人和动物与皮肤有关的一应不适。在20世纪40年代抗生素问世之前，它一直被用于治疗人的疥疮和头癣、马的增生类慢性皮炎和羊的烂蹄病。牧羊人和牧马人今天也都还在使用它。此外，这种油还可保护狗的爪垫，并避免役畜遭受马蝇和牛虻的叮咬。

法国的一种名牌肥皂中便含有刺柏油。据广告宣称，此产品可使婴儿呈现可爱的面庞。就连肥皂的商标名"卡丹"（Cadum），也是由用来炼制刺柏油的酸刺柏的法文称法之一 cade 变化而来的

女士们在洗头时，若在水中加入几滴刺柏油，可起到护发和美发的双重作用。这种油如今也已成为抗头皮屑洗发水的成分。含有刺柏油的肥皂适用于所有年龄段的皮肤，可谓老幼皆宜。相信许多人都知晓卡丹牌婴儿香皂，该著名法国产品中便含有这种油液。此种肥皂除了保证皮肤的清洁，对于出现状况的皮肤，无论湿疹、牛皮癣、疥疮还是皮炎，也都有一定的疗效。

银杏

银杏科 银杏属

独一无二的树

银杏这一物种可谓举世无双。首先，它出现于三亿多年前，堪称活的化石，而且从纲到目，再到科，又进而到属，都是单一性的存在，最后还是属下的唯一物种，可谓世代单传一直到底哉。

在植物的进化树上，银杏也自成一枝，并与一干所谓的低等植物（如苔藓、蕨类）有相当直接的关联，只是在进化程度上高过它们，但不如所有的500种针叶树，更不如构成植物世界主要部分的25万种开花植物。银杏的授粉过程不很方便，先是继承了原始的古老方式，即在有液体的环境中受精，然后以近代方式下"蛋"——结出名为白果的果实，最后以落到地上的结局完成全过程（只不过这些"蛋"在掉到地上时，"蛋壳"不会跌破）。它在中国叫作公孙树，这足以说明其长成之慢，而且还不止于此：1945年8月6日的一枚原子弹将日本广岛摧毁殆尽，但却有几株距原爆点很近的银杏存活下来并生长至今。因此这一植物真可说是活的神话。不妨再重复一遍：银杏这一物种真乃举世无双！

每株40埃居金币

英国人曾视银杏树为罕见之物，深怀稀罕好奇之感，简直不啻巨石阵。此树很可能是在1727—1735年

性状简介

- 落叶乔木，高20—35米，树冠大体呈锥形。
- 叶片扁平，扇形，生有细纹脉，端部有叉裂。
- 叶色淡绿，秋时变为金黄。
- 雌雄异株。
- 雄树所开多个小花聚成圆柱状柔荑花序，雌树上可看到黄色小球珠，但并非为种子，只是雌花的胚珠。

期间第一次来到欧洲的,具体地点是荷兰的乌得勒支(Utrecht)。英格兰人见到此树是在 1754 年,1776 年它出现在法国鲁昂(Rouen),1780 年在巴黎安家。银杏落户法国首都的经过还颇为有趣哩。

1780 年,巴黎一位姓德珀蒂尼(M. de Pétigny)的植物学家去伦敦参观那里几处最有名气的园林时,偶然在一处苗圃中注意到一只容器,里面栽着五株银杏的幼苗,据称来自日本,是当时英国仅有的几株。德珀蒂尼看到这是个机会,便邀请苗圃主人吃饭,席上殷勤以美酒相劝。结果在酒精的作用下,对方被说动了,同意将这几株幼苗卖给他,最后以 25 金几尼成交(对此,有关的法文资料与英文资料的说法并不一致)。一旦交易谈成,德珀蒂尼便马上拿着装有银杏幼苗的容器告辞。第二天早上,苗圃主人意识到自己的错误,便又找上门来,说 25 个金几尼只能买下一株。话虽不错,只是这些树苗已经运往法国。结果是给每一株树苗再找补 120 法郎,加上最早付出的款额,合起来就是 40 埃居一株。就这样,银杏在法国便得到了"40 埃居木"的诨名。真是出色的投资——今天所有在法国生长的银杏,大概都可上溯自这五株幼苗。德珀蒂尼将其中的一株赠给了巴黎植物园,1792 年由该园园长安德烈·杜安(André Thouin)将该树栽入大地前,

照片右侧有几株银杏树。此照片是在法国中部圣叙皮斯洛里耶尔的火车站外拍摄的。此处目前共有 12 株,形成了法国的一道胜景

银杏种植园

人们已营造起大型银杏种植园以满足制药业的需求,其中最大一处位于美国南卡罗来纳州(Caroline du Sud),占地超过400公顷。法国最大的同类种植园在兰德省(Landes)西南部,那里的沙质土壤最适合这一珍稀物种的生长。

它一直都在容器中长着呢。

有所误解

欧洲人往往以为银杏的老家在日本,其实是在中国南方。正因为如此,中国的古代医书中提到此树便不足为奇了。《神农本草经》就提到了它,这是一部约两千八百年前的著述。今天的中医书中仍有用银杏治病的详尽介绍。作为医药,所用部分主要为银杏叶,或制成膏药外敷,或煎煮后饮汁。服用此汤剂须掌握分寸,不可滥用。不过,近来又发现了这种植物的一种新用途,就是利用其活血特性治疗冻疮。印度的药典认为此种植物有延长寿命的伟力,因此曾一度引发用银杏制造西药的热潮。

银杏一直与日本挂靠在一起。日本人对这种树是十分尊崇的

近代期间银杏树的状况

19世纪60年代,日本天皇的长兄访问法国,带来的诸多礼品中包括13株银杏树。当时法国正在修建巴黎和图卢兹之间的铁路,而负责这一工程的总工程师在去日本旅行时,曾与这位御兄有过密切接触,于是这几株树就种到了利穆赞省〔Limousin,此省现已分为两个省,一个就是在法国的银杏树照片的附文中提到的上维埃纳省(Haute-Vienne),另一个是科雷兹省(Corrèze)。——译注〕圣叙皮斯洛里耶尔镇(Saint-Sulpice-Laurière)的火车站外。如今在那里还可以观瞻到12株(10雄2雌)。栽下若干

年后，几位德国药理学家采集了它们的叶片进行研究，只是研究结果不详。继这第一批人之后进行研究的是法国人。他们取得了成果，判明了银杏提取物中的所含成分。

在过去的三十年里，西药业对银杏的研究主要集中于从正在生长的枝干上的叶片中提炼出的物质。研究表明，这种提取物有助于改善整个供血系统的功能，特别是能够治疗微循环障碍，而肢端和耳鼻感觉到的针刺、烧灼和麻木感，特别是人们冬季在滑雪场上往往会体验到的指端发红现象，都是微循环障碍导致的。不过银杏提取物的功效并不仅限于此。

银杏提取物的另一功效关乎缺血受损细胞的代谢，缺血是指对器官和组织的供血不足，导致氧气及养料的供给双双不充分，并因代谢产物不能及时排出造成伤害。大脑长期缺氧，是导致老年痴呆即阿尔茨海默病的危险致因之一。正因为如此，人们正认真研究如何以银杏为主要成分进行长期性治疗，以期延缓衰老，为老年人带来更好的前景；与研究银杏相关的制药公司正密切关注对老年人的研究，希望受惠的人会越来越多。

随着树龄的增长，银杏产生的气根——从主枝条生出、向下钻入土壤的根——会越来越多。日本人认为银杏树的气根会使母亲的奶水充足，因之会把它斫下来送给奶水不足的哺乳期妇女。此举令银杏树受到损伤

银杏树与保健

胶囊药物银杏内酯（有若干种同分异构体）是以银杏叶为基本原料提炼的，可用于保护血管和促成主动脉扩张。它们通过改善神经组织，尤其是大脑的氧合过程，对保持记忆力有所提助。不过它们目前尚不是面向个人的处方药物，药房只提供给有资质的医疗机构。

蒲桃丁香
(*Syzygium aromaticum*)

桃金娘科 蒲桃属

嚼在牙间的小"钉子"

性状简介

- 中型常绿乔木，成株10—12米或可更高，树冠呈圆锥形。
- 叶形椭圆，革质，有光泽。
- 花开四瓣，白中略带玫瑰色，托在红色花萼上。
- 将尚未开放的花蕾采下，干后即可供使用，其形如钉。

人类对蒲桃丁香 [这里所介绍的蒲桃丁香在《中国植物志》上称丁子香，而此植物上最受重视的花蕾，在其他许多地方也叫作丁子香（中药店中则称公丁香）。为避免混淆，故将它的属名加进来称谓。此外需要强调，蒲桃丁香也并非国内常见的观赏灌木紫丁香和白丁香。这后两种丁香都属于木樨科丁香属，故也称木樨丁香（又称欧丁香）。——译注] 的使用可以追溯到远古时代，我们发现在古老的中国医书和阿拉伯医书中都提到过，用法似乎是放入口内，以咀嚼方式促进唾液的分泌。与此同时，它还被认定有抑制神经和杀灭细菌的功能，尽管神经和细菌这两个概念当时都还没有形成，代表这两个功能的词语也尚未问世。阿拉伯人在公元4世纪就将其用作医药，欧洲也从8世纪初进一步扩展了它在医药领域中的应用。

蒲桃丁香作为食用香料的来源之一成为作物，有着好多个世纪的历史。最早的蒲桃丁香种植园出现在东南亚的马鲁古群岛（Archipel des Moluques），继而跨越印度洋，在非洲的留尼汪、毛里求斯、塞舌尔等地扎根……

入口而不食之

牙疼去看牙医时可能要往牙龈处打麻药针。这可太糟糕了，因为麻醉会导致失去多种感觉。多谢蒲桃丁香的干花蕾，可让我们既觉不到疼痛，又不会丧失其他感觉，还能给附近的人造成气息良好的印象,简直是随叫随到的牙医呢。因为它的基本作用是口腔护理和保持卫生,所以可以视之为职业香料哩。在很长一段时间里——这是指在缺乏保健体系的年代,人们满足于在蛀牙的洞里放入这种因其形状被谑称为"钉子"的东西来应对龋齿造成的麻烦。其实这个年代并不古远,读者诸君的父母和他们那一辈人应当都还有记忆吧。要知道,在牙粉和牙膏尚未出现的18世纪,有人建议用漂白粉刷牙,再早一些时,法国国王路易十四(Louis XIV)的朝臣们竟然会用黄油去糊封牙齿上的龋洞呢!

蒲桃丁香与保健

从蒲桃丁香的花蕾中可以提炼出丁香油,其中的70%至90%为丁香酚。此物具有麻醉、灼烧,以及抵御细菌、病毒和真菌的功效。这正是用它对症牙疼的原因。

丁香油如今被用于牙膏、口香糖和漱口水的生产。法国国王路易十五的御医朱理安·博多(Julien Botot)发明的漱口水中也用到了蒲桃丁香。(他还将处方无偿公开。直到今天,许多家庭的卫生间里还备有这种人称"博多水"的东西,堪称为此公所立的纪念碑哩。)在一升酒精中放入20粒蒲桃丁香的干花蕾、少量薄荷、一个新鲜整全的柠檬和10克薄荷醇,浸渍一个月,便可制得这种漱口水。如果嘴里略感疼痛,用一杯开水冲沏2或3个干花蕾漱口,也会取得良好的卫生效果(不用说,水自然要等冷却后再用哦)。

蒲桃丁香除了用于烹调,还以"干蕾"的身份被收入《法兰西共和国药典》第十版

"钉子"大盗

为了打破荷兰对蒲桃丁香种植的垄断,法国人皮埃尔·波维尔(Pierre Poivre)从荷兰殖民地偷来这种植物的种子后,在波旁岛[Île Bourbon,今天的留尼汪岛(l'île de la Réunion)]上开辟了种植园。这一事件经改编后,成了电影《侯爵夫人安杰丽柯》中的情节。

石榴

(*Punica granatum*)

石榴科 石榴属

多籽粒的保健果

籽粒多,品种亦多

在普罗旺斯,当地人将石榴叫成千籽果。1934 年时,土库曼地区(Turkménie)建起了一个很大的石榴样品库,收藏的品种竟达上千!

性状简介

- 落叶灌木或小乔木,成树高 4—5 米,树干多弯扭,木质柔软。
- 喜阳但亦耐寒,在 -12℃ 环境下仍能存活,不过只在暖热环境中才能结优质果实。
- 有自交亲和性。
- 耐旱、耐贫瘠土壤,甚至可在石灰岩上生长。
- 夏天为开花盛期,花朵多为朱红色,也有黄色或白色的;秋季结实。

石榴原产于包括南高加索、伊朗、阿富汗、巴基斯坦和里海周边在内的广阔地带。它的果实是最古老的作物水果,是圣经中提到的"应许之地的七种果实"之一(七种果实指小麦、大麦、葡萄、无花果、石榴、油橄榄和椰枣。典出《旧约全书·申命记》,8:8。——译注)。因此自然得到了广泛的医学研究,尤其在阿拉伯人的医疗实践中。古人将石榴的果实划为三类:甜石榴、酸石榴和酿酒石榴(有的地方划成五类)。古人通过认真观察,注意到石榴树的各个部分都有不少用途,今天我们仍然注重其中的两点:遏止腹泻和养口护齿。

古人总结说,甜石榴养胃;酸石榴有收敛、涩肠和利尿之效;酿酒石榴的作用则介于两者之间。而且这三种石榴都可用于治疗痢疾和缓解呕血。石榴汁加蜂蜜可治口腔溃疡，并有壮阳和减缓脱肛之苦的功能。石榴花也是有用的药物，对受伤的牙龈和松动的牙齿均有一定疗效。还有一种说法，是"榴花三朵入腹中，全年双目不发恙"，只是未必很可信。石榴树根煎汤可以驱除多种肠道寄生虫。

于口腔大有裨益

古罗马人在进犯迦太基的布匿战争期间意识到石榴这种植物的重要，因此回到欧洲后便广泛栽植，也使地名"布匿"——Punicus——演化成了石榴的拉丁文指称 punica。阿拉伯人在 7 世纪时将石榴作为本民族文化的一部分引进西班牙。法国的地中海沿岸一带也发展成石榴遍布之地。在路易十四统治时期，石榴作为水果未得到更大的重视，却以新药草的资格成为法国南部和西南部民间医药的一部分。在科西嘉岛和普罗旺斯地区，它被制成药草茶治疗腹泻和肠区疼痛。西班牙人也用此种饮料驱除肠道寄生虫，还以石榴根和野山柑一起煮水喝以止痛。

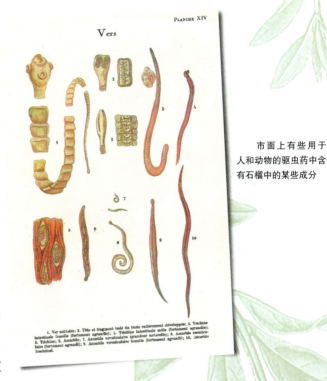

市面上有些用于人和动物的驱虫药中含有石榴中的某些成分

从古至今，石榴一直都被用于口腔医疗领域。公元 1 世纪时，狄奥斯科里迪斯便指出，用石榴所酿的酒漱口可应对牙龈肿烂。酸石榴榨汁曾被用于对症口臭，现今也仍然有医生建议用石榴皮煮水充当漱剂以保持口腔卫生，非洲人也用它治疗牙龈炎、口腔溃疡和口腔黏膜发炎。

石榴与保健

今天，石榴皮沏水常被推荐为对付轻度腹泻的药饮（日服一至三杯）。石榴中含抗氧化物质的发现，更使鲜榨石榴汁成为近年的热销商品。

欧锦葵

(*Malva sylvestris*)

锦葵科 锦葵属

包治百病

性状简介
- 两年生草本,成株高30—70厘米。
- 茎直立,叶掌形,具长叶柄,叶边呈齿状,叶面有毛。
- 花冠单层,花瓣五片,淡紫色并布深紫色条纹。

如果相信法国民间长期流传的说法,认为开紫花的植物多有药用价值,那么欧锦葵就该是特别出众的药草了,因为它的法文名称是 grande mauve——大紫特紫呢!它的其他称法也令人难忘,其一为"疾疾灵",自然是说此草对许多病痛都有疗效。

这种在护堤上、路边和花园中极常见的植物也可食用;叶子、花和果实都是可食部分。古罗马人便将其作为蔬菜种植。据说西塞罗(Cicéron,亦即 Marcus Tullius Cicero)就非常喜欢吃,以至于将自己都弄得消化不良了,到头来亏得一位马蒂厄尔(Martial)医生找到了治疗方法并使之流传下来。老普林尼也告诉人们,如果大白天里精神萎靡,便不妨饮一些欧锦葵汁。

毕达哥拉斯学派的信徒认为,欧锦葵的花总会朝向太阳,故而具有象征意义。他们相信这一植物代表着精神的放松、情感的宣泄,以及肠胃的舒泰。

欧锦葵堪称黄金葵

据古希腊文所记,如果每天喝10打兰(打兰,古代的重量和体积的小单位,在希腊和罗马略有不同,作为重量单位3到4克之间,作为体积单位约为3.5毫升。今天英国和美国的药店中也还沿用着。——译注)的欧锦葵汁,就会百病不侵。这是个明智的建议,不过即便不严格照办,只是不时摄入一些,也仍然会是有益的。将欧锦葵浸入人尿,沤烂后对头癣、口腔溃疡和糠疹都有疗效。

若黑羊身上的毛脱落,建议不要丢弃。用它蘸欧锦葵根的汁液涂抹家畜的乳房,可预防该器官受到伤害。在男女情事上,如果男子为滑泄所苦,可将欧锦葵的种子佩戴在手臂处。

上面这几条或许令人感觉杂七夹八。不过下面介绍的两条还是希望大家记住:一是欧锦葵对各种炎症均有疗效,无论是皮肤的、眼睛的、肾脏的还是支气管的炎症;二是它所含的胶浆有轻泻作用。

对牙也有益处

欧锦葵及其近亲药蜀葵,都是对牙齿和牙龈的有益之物。以其根部擦牙,可收洁齿和刮除牙石之效。倘若这种在牙齿上杂乱形成的东西附着在牙根处,就会导致疼痛。对此用欧锦葵和药蜀葵会有所缓解。对此物的关注从古人一直持续到近年。想让婴儿顺利出牙,方法之一是用一小块药蜀葵的根轻擦牙龈,即将现牙之处,也可喂以著名的"得乐巴"(Delabarre)牌糖浆。此药品是市面上的常售之物。

欧锦葵与保健

欧锦葵是将我们的现在与过去联系起来的出色药用植物。只需将其少量的叶子或花用 1 升沸水冲沏后作为一天的饮水服用,即可起到润肠镇咳的作用,并可舒缓消化不良和肠胃功能紊乱,还可作为漱口水舒解口腔的刺激感和治疗咽喉肿痛。市面上也有欧锦葵胶囊出售。

欧锦葵的花是四花健肺药草茶的成分之一,且目前已经发展成七样花

枣树

（*Ziziphus jujuba*）

鼠李科 枣属

惜此佳树日渐稀少

枣树的老家是中国，不过早已在法国南部落户，并成为普罗旺斯地区的老资格，当地人不但给它起了个本地名字"奇棵果"，该地区也因种植它而得到了另外一个俗称"奇棵地"，甚至还派生出一个土语"翻奇棵"，用以表示惊奇和赞叹。但这种有医药价值的植物当前却正在人们的视野中消失，实应大感遗憾……枣树在欧洲的风行，是多个世纪前的事情。此植物是在罗马皇帝奥古斯都（Auguste, Gaius Octavius Thurinus）统治期间，由一个名叫塞克斯提乌斯·帕比利尤斯（Sextius Papirius）的人从东方弄来的，后来便在整个地中海地区得到广泛种植，特别是在普罗旺斯一带，更遍布于该地区最南端的耶尔群岛（Îles d'Hyères）。盖伦倒是没有提到大枣——枣树的果实——有什么药用价值，但阿拉伯的医生们却是大力推重的，认为这种水果可以养血、益气，以及缓解膀胱和肾区疼痛。成熟的大枣可以润肠，但青绿时食下却会导致便秘。以古代波斯人拉齐斯为代表的医务界则认为它们会抑制性欲，还会使精子数量减少。

用大枣可制成有效的药糊

中世纪的人们便已明白无误地注意到大枣的健肺功效，并得到了后人的证实。从中世纪到文艺复兴时期一直是枣树的黄金时代。那时的人们凡在煎煮医治胸肺疾病的汤药时，都会加入大枣。到了19世纪末时，人们又代之

性状简介

- 落叶小乔木，成株高5—6米，有刺，生长缓慢。
- 互生叶序，叶片鲜绿，卵形，两面均无毛，边缘略具齿状，生纵向棱纹。
- 树枝呈之字形弯折。
- 树干木质坚硬，树皮发灰，有裂沟。
- 花期6—7月，腋生密集小花，花色绿至淡黄，结核果，成熟时为红棕色，味道和果皮厚薄依不同变种而异，果肉松脆，味甘甜。

以膏状形式给药,即将大枣与阿拉伯树胶、糖和橙花水一同制成糊剂供外敷用。到了 20 世纪时,这种膏剂也仍然存在,但大枣却不见了,只剩下其余三种成分,然而《法兰西共和国药典》中仍保留着原来的所有四种。(人们自然很想知道,不再用它的原因何在?)不过在药店的货架上,仍然可以见到大枣,是以徐缓方式干燥后储放在大罐子里的。

如果环境适宜,枣树可以长成百年巨树

在普罗旺斯地区,农村里的人通常用大枣治疗呼吸系统疾病,如支气管炎、咳嗽等,尤其是干咳。大枣加水文火熬煮,饮之可对症呼吸道发炎,对支气管因黏液分泌过多引起的炎症和充血都有效果。

大枣与保健

应当知道,现有的枣树数量已很有限;还应当知道,想要保护它们并非易事,因为即便在今天,如果它们生长在可以种植其他水果的区域,也往往会被认为得不偿失。要说养护枣树,未免显得煞有介事了些,因为这种树木对于土和水都根本不挑剔。枣树所结的大枣形如橄榄,干了之后会起皱并呈红棕色,因此也称红枣,是一种温和的泻药,特别适合娇柔的肠胃。枣树的其他医药作用尚有待于重新发掘。

科学研究如是说

通过化学方法,可以从大枣中分离出多种具有杀灭细菌和真菌作用的生物碱。它们所含的丰富胶浆是良好的镇咳剂和润肤膏。大枣所含的酸枣仁皂苷-B 也有镇静、消炎、降压和利尿的功用。这些性质预示着其光明前景。大枣是否会很快返回医学的前沿阵地呢?

月桂

(*Laurus nobilis*)

樟科 月桂属

彰明优胜,保障健康

请关注一下月桂这一带着传奇色彩的植物吧。它在古希腊和古罗马很受重视,其地位很可能仅次于葡萄、油橄榄和小麦这三种作物。古人赋予它多种不同的美德,如若细说会费不少笔墨,故而这里不予一一罗列,只提几点最美好的内容:在葡萄酒里浸过的月桂浆果可以很好地化解蝎子、蛇和蜘蛛的毒液。身上抹了这种混合汁液的人,种种毒虫都会避之唯恐不及。月桂籽儿榨汁拌入陈年葡萄酒和玫瑰精油后小心滴入耳内(操作亦可通过漏斗进行,且以热液为宜),可减轻耳痛,改善听力,并能医治幻听。

将月桂籽儿、麦麸、刺柏果和蒜瓣一起碾碎,用葡萄酒拌和后,抹在排不出尿的男性病人的尿道口处,即可解潴留之厄。

月桂根的皮可除结石,但对胎儿有害,故孕妇忌用。不过产妇分娩前若吞服七粒月桂籽儿,可有助于产妇分娩轻松与安全。

利口之物

人们很早便摸索到了一种缓解牙疼的招数,就是将月桂浆果捣成糊敷在面颊上。时至今日,我们更进一步将月桂油引入芳香疗法,以医治种种口腔和牙齿的疾病,对缓解牙周炎尤为有效。有一种由来已久的有效健齿法,是每天早上咀嚼两片月桂叶。附带提一下,一种名叫柳兰的草本植物,具有收敛性并能去污,故用来使溃疡面干燥。

性状简介

- 大灌木或小乔木,成株通常高 3—6 米,最高可超过 12 米。
- 多以扦插和分株方式繁殖。
- 四季常青,叶子革质,有光泽,深绿色,边缘略呈波纹状,有浓烈香气,揉搓时会发出类似樟脑的气味。
- 花期 3—4 月,奶白色小花每 4—5 朵聚成伞形花序,结表皮有光泽的椭圆形浆果,成熟后呈黑紫色。
- 多为雌雄异株。

菲奥拉万蒂的香膏

莱奥纳多·菲奥拉万蒂（Leonardo Fioravanti）是 16 世纪意大利的一位医生。他发明的一种著名香膏，1949 年前一直载于《法兰西药典》。此香膏系用酒精浸渍多种植物和非植物性原材而成，其中的植物性成分有月桂果、肉桂、高良姜、肉豆蔻、生姜、芦荟、大阿魏等，此外再加上来自动物的麝香和龙涎香。用此膏涂抹揉捏，对治疗风湿性疼痛和佝偻病都有很好的效果。

此种植物也可以用来制成漱口水。由于在法国有一个俗名为"圣安托万的月桂"，故有被误解为月桂的可能。切记，此物与月桂其实根本不沾边！它的学名是 *Epilobium angustifolium*，而月桂的学名是 *Laurus nobilis*。两者不同属，不同科，就连比科更上一级的目也不同！［柳兰在桃金娘目下（柳叶菜科、柳叶菜属）；而月桂属毛茛目。——译注］

月桂在乡下

月桂目前在农村，特别是在以灌木形式大量生长的地中海地区及其他地方，都仍然有更多的用途。月桂树的叶子，无论鲜的还是干的，用来沏水都可促消化、解腹胀。将它的叶子加水长时间煮浓用以漱口，可治口腔溃疡、牙龈炎等各种口腔疾病，深漱喉部对该部位的炎症也很有效。

从月桂浆果中得到的月桂油（温度较低时会凝结，故也称月桂膏）可用于缓解关节疼痛和风湿病。

月桂与保健

月桂叶沏水除了可促消化、解腹胀，还是一种利尿剂。洗过头发后用其漂洗，又有美发和去除头皮屑之功。

薰衣草属
(*Lavandula*)

唇形科

地中海地区
有益健康的小灌木

薰衣草这一属下面有几十种，包括若干种人工培育的杂交品种。与药用有关的计三种，一为狭叶薰衣草，学名 *Lavandula angustifolia*；一为宽叶薰衣草，学名 *Lavandula latifolia*；还有一种特别喜欢在地中海地区的酸性土壤中生长，叫作西班牙薰衣草，学名 *Lavandula stoechas*；这三者又都各自形成了很多变种。

薰衣草的西文名称似乎是从拉丁语 *lavare* 演变来的，是"洗"的意思。在中世纪时期，这种植物是用来使浴室气味芬芳，以及在洗衣物时放入清水中，起到添加香气的作用。现代工业并没有给它们增添什么新的用途。这种

全属性状简介

- 属内有若干种，多数为有分枝的常绿小灌木，也有少数为多年生草本；高度从40厘米到1米以上不等，叶片也宽狭不一，但都细长，亦均覆盖细密茸毛，颜色绿中或多或少带有蓝色或银色。
- 7月开花，穗状花序，穗茎坚挺，花色从蓝至紫，花瓣不甚光滑，但程度不一。
- 全株芳香，有浓烈的樟脑气味。

解毒药

最早的解毒药被人们称作米特里达梯御毒剂［这一称法来自公元前1世纪的本都国王米特里达梯六世（Mithridate Ⅵ）。他因担心被人毒害，一方面以自己每天服食少量毒药的方法来获得对毒物的抵抗力；另一方面大力钻研解毒的药物。据传他弄出的米特里达梯御毒剂，可以对付当时已知的所有毒药。——译注］。这种解毒药制成后，成分不断快速扩充，发展呈多样化，成为包含47种动物、矿物和植物的混合物，又经长时间探索后形成几种定型，并被收录进1884年的《法兰西药典》。其中以名为"威尼斯解毒药"和"蒙彼利埃化毒剂"的两种最为著名。它们都包含100多种成分，而其中都有薰衣草，不过这并不奇怪。

植物更早些时的名字是 stechas，希腊人狄奥斯科里迪斯援引了老普林尼的说法，认为此名称源于马赛（Marseille）附近一组岛屿的名称，盖因那里大量生长着这种植物。其实这种说法未必可靠，薰衣草生长的地域要广大得多，单就此群岛东面不远的耶尔群岛而论，非但地理面积更大，薰衣草也更多、更繁盛哩。

传统医学中的应用

且不论薰衣草名称的来龙去脉，由于它们十分常见，人们自然会想到治病疗伤上来。薰衣草油的强烈樟脑气味，立即使人们将它用于消毒杀菌。用薰衣草叶冲沏的药草茶有预防流感和暖身驱寒的功效，用于熏蒸可使充血肿胀的呼吸道舒张。在用薰衣草炼制的精油中掺入酒精搽涂伤口，可兼有消毒与止血的双重作用。对于粉刺和玫瑰痤疮等皮肤病，如若持续外用薰衣草精油，也会得到一定程度的缓解。

它还有镇静效能，与牛至和山楂等其他植物合用，可缓解过度紧张的心态，恢复正常睡眠。它还可以用于消除痉挛和改善消化。西班牙等地便有用它做开胃小菜的传统饮食习惯。

薰衣草与保健

薰衣草目前仍是家庭小药柜中的主要备品，多以精油的形式进入寻常人家。人们在周末做户外运动前，可用它使肌肉放松，运动后用之按摩，又可以使肌肉状态迅速恢复正常。

在给宠物梳毛时，若在梳齿上滴几滴薰衣草油，虱子就不会寄生在它们的细柔毛发里。以熏蒸保持鼻窦在冬季的通畅，还有在枕头上滴几滴薰衣草油以带来舒心的睡眠，更无疑是此种植物的好用场。

提到薰衣草，便无异于大力净化空气。但请注意薰衣草精油不得施于3岁以下儿童，亦不可用于孕妇，以防对神经产生不利影响或流产的可能

乳香黄连木
（*Pistacia lentiscus*）

漆树科 漆树属

会流泪的树

乳香黄连木在地中海地区广泛生长，即便在石灰石质土壤中和杂树丛里也能存活。它们通常并不成片存在，生长也很缓慢，树龄达百年后还在长高长粗。这一缓慢也体现在对它的应用、采集和分类上。也许正是它们这种对时间的漠视，使之能够寿过千年。这种植物的果实曾被人们大量地利用过，不过在进入 21 世纪时，它已经接近退化为陈迹了。

古希腊时的医生便已知道这种植物的树脂——乳香脂是有医用价值之物。古代历史学家也留下了此物在埃及、阿拉伯和迦太基得到使用的记载。当有关的知识传播到罗马帝国后，那里的男人便饮起了泡有乳香脂的酒，女人们也养成了用这种树上分泌有乳香脂的细枝擦刮牙齿以使之洁白的习俗。这两种时尚在欧洲持续到了中世纪，特别是在法国、西班牙、英国和荷兰这四个国家。从 14 世纪开始，善于经商的热那亚人又将乳香脂作为商品从西向东推销到整个地中海地区。就这样，从巴格达（Bagdad）到敖德萨（Odessa），从塞浦路斯（Chypre）到伦敦，从大马士革（Damas）到马赛……有着"白色泪珠"别称的乳香脂普及到了世界各地。

泪自刀下出

七八两个月是从乳香黄连木上收获乳香脂的日子。用一种小巧的刀子在树干和较粗大的树枝上割开口子，就

性状简介

- 成株高 2—3 米的灌木。
- 叶片厚而硬，略带革质，羽状复叶，叶气芳香，颜色鲜绿。
- 幼株呈青铜色。
- 雌雄异株，雌花红色，朵小，贴梗形成花簇，成熟果实先红后黑，为鸟类喜食。

价格不菲、质量上乘

最名贵的乳香脂产自希腊的希俄斯岛（Chios），是该岛的一大财源。在此岛由奥斯曼帝国统治的期间，最上乘的部分都要送到帝国首都君士坦丁堡；单就满足苏丹后宫 300 名佳丽需要的一项，便为岛上的最高长官带来不止 12000 金币的进项。自 1997 年以来，希俄斯出产的乳香酒一直是受到原产地名称保护的特产。

会有黏液慢慢地渗出；大约 20 天便会完全凝固，多数会落到地上，也有少数凝结在树上，这便是乳香脂。此时便可进行第二步，即将它们收集起来。这一过程以最古老的方式手工进行，会陆陆续续地持续到 9 月份。乳香脂可以直接入口咀嚼，也可碾磨成粉末添加入化妆品中。增白牙膏即为其中重要的一种。此外，乳香脂也可用于制造清漆等化工产品，还可用于烹调；进一步提取出的精油又可成为某些药物的成分。

乳香黄连木与保健

乳香脂一词源自希腊语 $\mu\alpha\sigma\tau\iota\chi\epsilon\iota\nu$，意为"磨牙"，因为在它的产地，人们有经常咀嚼它的习惯。今天它被放入牙膏、漱口水和口香糖里，用以保持牙齿的清洁卫生，给口腔消毒，并阻止牙石的生成。这要归功于它所含有的丁香酚。

近年的医学研究发现，幽门螺杆菌会引发胃溃疡，而乳香脂的使用恰好对此种细菌有抑制作用。它还有排毒和养肝的功能，并可加入治疗烧伤和皮肤病变的软膏一起使用。接受外科手术的患者，如果在缝合线中加上——从乳香脂提取精油之后剩余的物质中所得到的——一种衍生物，过一段时间，伤口的缝合处无须拆线，而被皮肤吸收。

产自希俄斯岛的乳香脂

常春藤

(*Hedera helix*)

五加科 常春藤属

外灭虱子，内镇咳嗽

性状简介

- 常青攀缘灌木，成株的伸延长度可达20米，茎干木质，较脆，生有用以附着他物的攀缘气根。
- 叶绿，有光泽；形状从三角形到掌形不等，具叶柄。
- 晚春开黄花，众花聚成轮廓近于球状的伞形花序。
- 结黑色浆果，内含4—5枚种子。

常春藤是大自然中和花园里都很常见的植物。它曾经在民间医学中扮演过重要角色，不过今后的前途却有些难以预料。此物对治疗烧伤有一定效果，只是不如引自异域且疗效更佳因而更被看好的芦荟。其实在以往的时光里，常春藤在不少地方显露过身手。18世纪的医生告诉人们说，常春藤叶可用作清洁剂，又对治疗因接受烙灼处理导致的溃疡有一定用途；将其浸在葡萄酒中煎煮后，可用于治疗烧伤和恶性溃疡。把它们与撒尔维亚、接骨木树皮（以不很粗厚的为宜）和鸽子粪便一起用陈年黄油煎过，然后裹入布中碾压成膏状，也可用于治疗溃疡和烧伤。

藤儿入，病害除

常春藤还有促泻的功能。它的种子可用作泻药和催吐剂。通常是磨碎后服用，往往还可与藏红花等其他一些药物一起拌入薄荷水中饮下。将常春藤种子放在墙草（学名 *Parietaria*，荨麻科下的一个属）的榨汁中碾碎，服用后会有助于膀胱结石和肾结石的排出。若将墙草换成白葡萄酒，又可借发汗驱除侵身的时疫。

进入老龄的常春藤会变得很坚韧，原来的细枝条也会粗大起来，藤皮表面还会蒙上一层胶状物。它们很易点着，多数人据此认定这是一种树脂。确实如此。这种"常春藤胶"有消肿与收敛的特性，用于除灭虱子、治疗和减缓脱发，以及治疗龋齿等都有可观的效果。15 世纪的意大利医生亚历山大·本尼迪克斯（Alexandre Benedictus）也在医治脑震荡病人时，将此物作为罨剂中的成分，或者敷在剃去毛发的头皮处，或者施于发生不自主颤抖的体位。

用开水沏泡常春藤叶洗澡洗头，是一种比较和缓的除灭虱子的方法

常春藤与保健

如今，常春藤仍被用来对症咳嗽和支气管感染。在以往的农村，若婴儿得了百日咳，医治的偏方之一是在老龄常春藤的茎干上挖个小坑，在里面倒上红葡萄酒，浸泡几个小时后给病儿饮下。当然，如今若要直接以此植物充当医药施用时，操作还应更谨慎些才是。

在给孩子除灭头虱时，应事先在一升醋中加入大量的新鲜常春藤叶，制备成很浓的浸液。除虱前先将孩子的头发洗干净，然后用这种浸液淋洗。

美容之藤

常春藤被认为有减肥和美肤之效，故被药剂师放进几种减肥霜和去橘皮纹油膏中。读者也可自行制作：将 10 克常春藤酊剂与 20 克安神膏（任何一种）和 30 克甘菊油充分拌和后即成。用时涂布于皮肤处后轻施按摩。不过有一点须特别注意，常春藤的所有部分都是有毒的，有些人在频繁使用一段时间后，可能会在接触后 48 小时内引发皮炎。这是一种过敏反应，是常春藤内一种叫作镰叶芹醇的成分引起的。

互叶白千层树

(*Melaleuca alternifolia*)

桃金娘科 白千层属

此茶非彼茶

这种植物一出场便有些乱套。它原产于澳大利亚，被最早来到的英国探险家库克船长看到后称之为"茶树"(tea tree)，于是在欧洲人的种种语言中，都将它与茶挂上了钩，被叫成了澳洲茶树。其实平常澳大利亚原住民并不用它冲沏饮料，充其量是用以制取一种药液。库克船长这样称它，据传他率领的英国海员们来到这里时，船上的茶叶都用光了，而英国人一向是饮茶的，故而便用这种树的叶子代替。听来颇似逸事，只是未必属实。也许这位大探险家认为，它对预防坏血病这种人称"海洋瘟疫"的疾病有效，才用来泡茶吧。要知道，即便是著名航海家，在这种事情上也未必能下正确结论呀。只是这样一来，"茶树"的说法既指代用来提供红茶、绿茶、花茶、乌龙茶等种种茶叶的山茶科、山茶属植物，也指这里介绍的桃金娘科物种，包括与它同在白千层属内的数种亲戚，甚至有时还用来指代提供麦卢卡蜂蜜但不在此属的松红梅（学名 *Leptospermum scoparium*）哩！库克船长在他本人的遗作《第三次航行》中便有这样的语句："在海口处的高地上有

性状简介

- 常绿乔木，成株5—10米高，树冠直径3—6米。
- 树皮很薄，呈乳白色。
- 叶形细长。
- 初夏开花，花朵繁多，几近盖满全树冠。
- 花形整体如绒球。
- 薄薄的树皮会自行成片剥落，故又有俗名"纸树"。

可洁口健齿的茶树精油

此精油可用于保持口腔卫生，对口腔溃疡、牙龈脓肿和口腔炎等都有疗效。一些英联邦成员国又将它作为牙粉和牙膏中的成分，此外还发现它对牙齿有美白效果，刷牙时只消往牙刷上滴上一滴即可。

一种很像山梅花的树木……用它的叶子沏水可以饮用。能不能用它代替来自中国和日本的茶叶呢？"

来自澳大利亚的万用神油

多少个世纪以来，澳洲茶树——如今已叫作互叶白千层树，是桃金娘科下一个名叫白千层属的、彼此性状都十分接近的若干成员中的一种，其叶子一直是澳大利亚若干原住民部落传统医药的一部分。原住民们将其碾碎，用来医治受到感染的皮肤。外来的移民则很快找到了另外一种利用方式，即通过简单的蒸馏步骤得到的茶树精油。这种油状液体有杀灭真菌和细菌的能力，而且功效极强，因此迅速成为来自这片新土的"万用神油"。在第二次世界大战期间，此油真不啻一支澳大利亚派遣的特种部队哩。由于当时此油供不应求，却又只能以手工方式生产，故从事提炼工作的人员竟可以免服兵役呢。实现半工业化操作的种植园，是第二次世界大战结束后才形成的。

历史悠久的名牌药物"格美诺舒肺膏"（Gomenol pâtes）中也含有澳洲茶树精油，不但疗效很好，还上了法国著名滑稽演员弗南·雷诺（Fernand Raynaud）的节目"叔叔，你为什么还咳嗽呢？"

千层树与保健

今天的药店里还有另外一种精油，提取自白千层树属中名叫五脉白千层（学名 *Melaleuca quinquenervia*）的物种，并以原住民的称法"尼奥乌利"（Niaouli）的品名出售。此种精油颇具抗感染、杀菌、抑制病毒和除灭真菌的功效，可用来平喘、祛痰和缓解充血。既能以气雾剂方式喷入鼻腔，也可直接喷洒在空气中或进行熏蒸，均可有效地对抗感冒和鼻窦炎。

此外，该油还具有消炎和护肤功能。在应对唇部疱疹、带状疱疹、痤疮和烧伤等病痛时，也可考虑充任辅助药物。

97

贯叶连翘

(*Hypericum perforatum*)

藤黄科 金丝桃属

恢复安泰

贯叶连翘，又称圣约翰草（若干其他植物也有此俗名），是脚踩巫术和医学两只船的植物。它被认为有驱除邪魔的神力，故在中世纪时还有个别名"撵鬼草"，还被起了个正经八百的拉丁文名称 *Fuga daemonum* 咧。人们会在夏至前后此草开花时采来扎成小束，悬挂在房屋门廊处以期遏阻鬼魅于家门之外。

在医疗领域的用途

多少个世纪以来，医生们一直都在用它治病，也得到过包括泰奥弗拉斯托斯、马蒂奥利、帕拉塞尔苏斯、加布里瓦·法罗皮奥（Gabriel Fallope）、乔瓦尼·斯科波利（Giovanni Antonio Scopoli）、西蒙·波利（Simon Paulli）、小约阿希姆·卡梅拉留斯（Joachim Camerarius le Jeune）等重量级人物的推重。不过到了上个世纪，人们发现使用时应注意药物配伍的禁忌。

就其用途而言，贯叶连翘自古以来就被用于治疗外伤。揉搓它的叶子，便会碾出些精油来。它黏黏的，有些类似于松节油，还带些许苦味。该植物所具有的刺激性正来自于这种精油。从贯叶连翘的根部也可提取出这种精油，并用于配制著名的外伤药"武士膏"（baume du Commandeur）。19世纪时还有另外一种用于帮助伤口愈合与救治烧伤的油液，制法很简单，只需将贯叶连翘的花

性状简介

- 多年生草本植物，成株高40—60厘米。
- 茎直立，略带红紫色，叶子深绿色，对生，边缘处散生黑点。
- 叶面覆有多个半透明小圆点，系为储存精油的腺囊。
- 开单层五瓣黄花，共同组成聚伞花序。
- 结长圆状卵珠形蒴果，内包微小种子。

朵浸在橄榄油中，等到油色变红后即可使用（不知道这种红油中哪一种成分功效较强，是橄榄油还是贯叶连翘花）。

贯叶连翘还可在支气管病的治疗上发挥作用。比如，卡赞医生便曾用开水冲沏盛开的贯叶连翘花，用这种简单易得的药草茶救治肺黏膜炎病人和结核病患者。此物可单独使用，也可与其他植物如土木香、地衣或欧活血丹一起施用。

贯叶连翘与保健

贯叶连翘在各个时期都得到人们的青睐。虽说从19世纪初起，它的名气有所下跌，但进入20世纪80年代后又开始回暖。以19世纪末的情况而论，它在美国用于对症瘅病，在德国则成为最早的抗抑郁药物，而且至今在这两个国家仍是人们最常用到的相关药物。用贯叶连翘中所含成分制备的药物还有不少，除了前文提到的"武士膏"，还有内服药"盖瑟消炎糖浆"（sirop de Quercetan）、帕玛琉斯粉（poudre de Palmarius）、安德罗马科父子解毒药（thériaque d'Andromaque）、大麻花苞提神膏（martiatum de Charas）、潘尼氏疗伤酊（eau vulnéraire de Penicher），以及潘尼氏跌打神膏（baume magique de Penicher）等。药店目前还出售治疗皮肤病和非重度抑郁症的贯叶连翘油和贯叶连翘胶囊。《法兰西共和国药典》中也有贯叶连翘花的大名。

对老鼠进行的实验表明，在连续施用贯叶连翘油和贯叶连翘胶囊三周后，它们便不会表现出进犯行为，至于对人的影响，据来自19组共5000多名患者施用贯叶连翘酊剂的临床实验表明，此药液对轻度抑郁、心情低落、注意力不集中的表现均有纠正效能，睡眠状况和参与活动的积极性与兴趣也均有明显改善。

名称解释

贯叶连翘一词在法文是Millepertuis，意为"千孔草"，这是因为倘在明亮处观察，可以看到它的叶片上布满小点，它们曾被认为是些洞眼，其实是内含精油的腺点。

得了神经衰弱、觉得无论怎么养护都总是浑身不自在？用贯叶连翘可望解决

香桃木
(*Myrtus communis*)

桃金娘科 香桃木属

功成业就者的表征

性状简介

- 常绿灌木，成株2—3米高，树冠宽1.5米许，茎干挺拔，枝繁叶茂。
- 叶片不大，细长有尖，发香气，有光泽，略具革质，新叶浅绿色，继而颜色转深。
- 夏天开放大量白花，多为单瓣，生诸多突出雄蕊，秋天形成挂有白霜粉的蓝黑色浆果。

在法国这里，如若出了南方地区，又能有多少人知道香桃木这种灌木呢？而在知道它们的南方人中，又有多大一部分认为，这种他们能经常见到的植物其实与油橄榄树同样重要，不过不是因为它的农业用途，而是因为与古代历史的关联呢？通过本文的介绍，读者会更清楚地相信，它的确是为数不多的值得重视的植物之一，是为彰显获胜者和赞誉可敬重人物这一目的服务的。在这个方面，它有着同月桂、油橄榄树和大阿魏一样的崇高地位。

月桂、油橄榄树和大阿魏受到尊崇的原因都源于希腊神话（月桂树枝叶编成的环圈是献给著名诗人和英雄人物戴在头上的，此习俗源于太阳神阿波罗头上便戴有此环冠；油橄榄树是智慧女神和战争女神雅典娜创造的，故成为颁发给古奥林匹克体育赛事凭体力与技巧成为优胜者的奖品；大阿魏是一种与茴香类似的伞形科植物，其空心的茎干又粗又长，是普罗米修斯违背天神宙斯严令，将火种从圣山偷带给人类时的藏匿处。——译注），而香桃木得到如此对待，则源于传说中的一桩悲惨事件。古时候雅典（Athènes）有位漂亮姑娘，是智慧与战争女神雅典娜的朋友，既美丽又勇武；在竞技中屡屡取胜，又以其美貌冠压群芳，结果被一名因失败而生嫉妒心的对手杀害，死后变成香桃木，从此成为雅典娜最钟爱的植物。

自古便有的用场

香桃木有很浓的香气，在地中海沿海的大部分地区又很常见，几乎可以说是无处不在，因此成为药物自然是顺理成章。自古希腊和罗马时期起，便有不少有关此物药用的报道。医疗领域大量使用香桃木的事实表明，古人的路数基本上是对头的，不过也有失于幻想或盲目夸大的成分。比如认为它可治毒蜘蛛叮咬，可解蝎子螫刺之伤，能救食毒蘑菇之厄等，其实都是捕风捉影。对于膝盖或腿部骨折或关节脱臼，用香桃木叶煮水洗泡也不会有效果。

如若有谁正当妙龄时被白癜风改了容颜，自然会千方百计地求医问药。不过可不要相信用香桃木煮水洗浴这个偏方哟。倒是对于头皮屑总除总有的情况，不妨试着用这种水洗头，不但可以清除剥落的死头皮（看到这里别觉得不得劲儿呀），还有助于预防脱发。不过这里有言在先，用这种水洗头，无论原来的头发什么颜色，洗后都会有些发乌。

古人也注意到香桃木的收敛性及防腐功用。毫无疑问，在出汗的

MYRTHE

都是香桃木，细看有不同

在地中海区域常见的香桃木有几个亚种，有的开单瓣花，有的开重瓣花；叶片也有大有小，且有的为纯绿色，有的还杂别的颜色。园艺匠人会将它们用于不同的装饰场合。

101

腋下和大腿内侧扑上其叶子的碎干末,就可以去除难闻的狐臭味。这无疑是今日的铵明矾即硫酸铝铵等体香剂的前身。

香桃木制成的多种煎剂可用于治疗胃痛、溃疡和出血。由于这种植物的植株中含有丰富的鞣酸,故又可用来调节消化和对症腹泻。

公元5世纪的罗马帝国有一位塞利乌斯·奥雷利安努斯(Caelius Aurelianus)医生,他在本人的著述《齿病疗法》中提到,牙齿松动者可用成熟的香桃木浆果煮水漱口以期固齿。这一做法被延续了好几个世纪,长期这样坚持,可以预防牙龈炎,并遏制坏血病对牙齿的损害。这位医生还介绍了一个偏方,就是用香桃木的果实和干花在蜜醋汁(两份醋和一份蜂蜜的混合物)里拌过,可用于纠治因消化系统失常引发的口臭。如今若患了牙龈炎,以香桃木精油为媒介的芳香疗法也会有效。

香桃木与保健

还是接着正题说吧。在传统医药领域,香桃木是可以直接作为医药用于若干方面的。在北非,咀嚼生涩的香桃木浆果可以缓解结肠炎和胃痛,而煎煮和冲泡则有治疗腹泻和呼吸系统疾病的功效。至于某些地区用它煮水,将头发染黑和除灭虱子的古老做法,更是一直沿用到进入本千禧年呢!

在如今的药店里,香桃木已经以精油的形式获得新生。人们会言及红香桃木精油,这是指此精油多得自摩洛哥等地、枝干带些红色的香桃木,是解充血、稀释黏体液、祛痰、解痉和杀菌之物,还具有抗病毒的功效,对呼吸系统疾病、支气管炎、鼻咽炎和痰咳尤其有效,用之可以迅速放松神经,提高睡眠质量。

健身古方

公元1世纪时,老普林尼提到了一种名为"香桃酒"

图中所示是一种名叫铁仔的灌木,是法国南部干燥地区的花园里栽种的引进植物。它一度有个俗名"非洲香桃木",其实这两者从属、科到目都是不同的,不过从此植物的学名 Myrsine africana 来看,毕竟还是可以感觉到此命名受到了俗名的影响

Le Myrte

L'auscultation de la bronchite

胸肺部听诊结果:"夫人服用香桃木煎剂后,支气管炎已见好转。"

的加料葡萄酒,说此酒中含有香桃木的成分,并赞美它有多种强身祛病的美好功效。另外一些人则认为,此种成分并非来自香桃木本身,而是在这种灌木的树干上长出的一种类似树瘿的结节。无论将其捣碎放入葡萄酒中,还是直接用来摩擦身体,或者作为栓剂放入生了溃疡的体腔内,都会取得一定的治疗效果。为了给读者增加一些兴味,这里再介绍一下科西嘉岛和普罗旺斯地区一种受到酒鬼普遍欢迎的香桃木酒的制备方法:在10—11月之间采摘成熟的香桃木浆果,以每升100克的比例放入果酒中,在45摄氏度以下的环境中浸渍一个月,过滤后再加入三分之一体积的蔗糖汁液即告成功。

胡桃
（*Juglans regia*）

胡桃科 胡桃属

胡桃及其兴衰

胡桃树是多么古老的物种！有充分的根据表明，人类在旧石器时代便已经享用它的果实了。胡桃树原本生长在欧洲的大部分地区，但冰川期使它在一些地区消亡，于是落户"新"家，即亚洲的波斯地区，以及亚美尼亚和希腊一带。

古希腊的医生们普遍并不看好胡桃树的果实核桃，认为核桃仁不好消化并且对胃有害。不过也有人认为用它可驱除绦虫等消化道里的寄生虫。它还被认为，若在餐前或餐后与芸香和无花果同食，会有效地化解食物中的有毒成分，还可以给愿意在餐前清空胃纳的人催吐。核桃仁加上蜂蜜或葡萄酒，还可以作为敷剂医治咬伤——不但可治狗咬，就是治人咬也同样有效哩。

将核桃仁烤熟碾碎，加上油和葡萄酒，有养护娃娃的头发等功效，还可让脱发重新长出。老普林尼也提到可用它们染发。

胡桃树的叶子，还有果实中包在坚果外的绿色厚果皮，都是具有收敛性之物，冲沏或浸渍后可用于舒缓口腔溃疡、牙龈出血和糠疹，还可以医治尿失禁。

曾遭严重忘却的油

对人类来说，胡桃树的价

性状简介

- 落叶乔木，成株的树高从10—30米不等。
- 每7或9片各约10厘米长的椭圆形叶子组成奇数羽状复叶。
- 分别生出形成葇荑花序的下垂雄花，和长在茎干末端的由2—3朵雌花形成的花组。
- 结出的果实内含有坚硬木质的大核果——核桃，其种子即核桃仁富含油脂，可食用。

声名曾欠佳

雄伟的胡桃树洒下的浓荫，有很长时间一直声名不佳。老普林尼就曾这样说过："胡桃树的气味将头熏得难受，枝叶的气味会不由分说地钻入头里……胡桃树会刺激人的脑子，还影响树周围的一切。"

古希腊作家普鲁塔克也曾说过，胡桃树会让在树下休憩的人昏昏然。也有乡下人相信，任何在胡桃树荫下小睡的人都有可能不再醒来。

核桃油堪与鱼肝油一比高下。进入滋补药和医疗用药领域的胡桃是得到商界重视的

值特别在于核桃中所含的油脂。可它在医学史上却曾遭到严重忽视。核桃本身的处境多少好些，不过马蒂奥利仍说他没有发现这种坚果有什么医疗用途，只是设想了若干利用的可能。狄奥斯科里迪斯倒是提出可用它驱排消化道内的绦虫，促进积聚肠内的秽气泄下，对治小儿胀气也有突出疗效。狄奥斯科里迪斯所提的这三点建议都得到了应用。此外，它还被用来缓解肿胀和抑制咳嗽。嫩核桃仁所含的汁液味道清爽，涂抹在溃疡处、伤口上，以及麦角中毒所引发病变的体位，均有显著效果，足见此物有阻止感染扩散的功效，或许还不止于此哩。6月中下旬是榨制这种嫩核桃汁的时期。

胡桃与保健

如今药店里也提供核桃叶，用以治疗轻度腹泻、腿静脉回血功能不足、腿脚坠胀和痔疮发作。局部应用时既可治头皮发痒和头皮屑过多，也可治疗口腔疾病。在德国，有人用它抑制手脚多汗。总之，此物可令人体的浅层组织行使正常功能。

油橄榄
(*Olea europaea*)

木樨科 木樨榄属

可降血压

性状简介

- 常绿乔木，成株高5—8米，树干多节瘤，木质坚硬。
- 披针形小叶片，有不同程度的光泽，上面绿色，下面绿中带些浅灰。
- 花期4—5月，开大丛奶白色小花。
- 9月至次年1月间结果，果内有坚硬长核。

油橄榄树、又名木樨榄树［在中国，油橄榄树往往也被称为橄榄树，其实这两者是不同的，而且分属不同的科（后者学名为 Canarium album，橄榄科、橄榄属），只是因为两者的果实形状、大小与生长时的颜色都相近，而且前者近年来才引种到中国南方部分地区，国内并不多见，故经常被混同一谈。这两种植物在形态上有诸多差异，即便是果实也有所不同：前者成熟后会由绿色变为蓝黑，而后者则由绿转黄，果实里面虽然也都是长长的硬核，但前者两端浑圆，后者尖锐；而更大的不同是，前者的果核中富含油脂，故可用于榨取著名的橄榄油，而后者虽然也含油脂，但成分不同，而且不适于榨油。——译注］，是地中海沿海地区所存在的多种文明的共同标志性植物，也一直被收录进多部传统药典。还在古代时，医生便掌握了若干与此树有关的医疗知识，知道如何从青涩以及成熟果实中的硬核里榨出橄榄油，并且给这种油找到了多种用场，以及如何利用榨油过程中得到的副产品。

橄榄油润泽性很强，因此特别被用于护肤，但它又有收敛性，故施用不宜过频。人们又发现它对促成溃疡愈合十分有效，似乎也能降低褥疮患处出现附着性焦痂的可能性。在农村，它一向被用来在对皮肤不适之处，特别是生有疥疮的部位揉捏时涂抹于患处，还大量用作膏药和软膏中的附着剂。

狄奥斯科里迪斯告诉人们，橄榄油能够驱除消化系统里的寄生虫。在普罗旺斯和朗格多克这两个法国地中海地区，人们今天也仍然将它作为药物使用，一则给儿童润肠，二则引诱盘踞在成人肠道里的绦虫"上钩"——其实应当说"脱钩"，即不能再钩挂在肠壁上。

油橄榄的果实也同口腔健康有关。将榨过油后留下的果肉用文火煮成状如蜂蜜的稠糊，加酒或加醋后涂于口腔内的伤口处以止痛，对牙疼亦有效力。

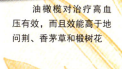

油橄榄对治疗高血压有效，而且效能高于地问荆、香茅草和椴树花

稀释橄榄油

为了减弱橄榄油的收敛性，尤其当这种油是提取自未完全成熟的青皮果实时，古人会将橄榄油改造一下，制成一种被稀释的所谓"水油"——其实就是往油里兑入些清水并加以乳化。此类油被认为有固齿健龈和减少出汗的功效。老辈人可能还记得，在普罗旺斯，人们会用这样的油预防和治疗晒伤。法国南部乡村里也用它退烧。金鸡纳霜固然是治疗疟疾等间歇性发烧的有效药物，但对一般家庭来说未免昂贵，用油橄榄树的叶子也能取得一定效果。

油橄榄树与保健

近年来，人们从不同角度对油橄榄树进行了研究，使得这种植物的应用得到了重大拓展。它的叶子（所制成的胶囊）就是其中的重要例子。此种新药物除了以其含有的油橄榄苦苷发挥降低高血压的重大功能外，还具有舒张冠状动脉、调节心律和抑制肌肉痉挛等作用，此外还具有抗氧化性。作为地中海饮食支柱之一的橄榄油，还被发现有促进消化和调节胆汁功能的效力。

医治四季皆可发生的鹅口疮

幼婴的口腔黏膜会因受白色念珠菌感染引起发炎，形成大片乳白色膜状物，往往造成宝宝进食及饮水的困难与痛苦。此病叫作鹅口疮。将油橄榄叶和黑莓叶一道煎煮后，加上少许用油橄榄木烧的木炭末，给病儿擦洗疮口，会有不错的效果。

酸橙

(*Citrus aurantium*)

芸香科 柑橘属

柑橘属的棒成员

性状简介

- 常绿乔木，成株高4米许。
- 生有顶部发尖的绿色大叶片。
- 开大量白花，气味芬芳。
- 12月至次年1月为结果期，果实圆球或扁圆球形，初时果皮光滑，后变粗糙，整体凹凸不平。
- 成熟果实可挂于枝头数月而仍能基本保持原有风味。

酸橙又称苦橙，原产中国，后来传播到印度北部和中东地区。9世纪时，阿拉伯人将其带入欧洲，还在西班牙得到了塞维利亚柑的别名。一开始时，它主要是作为药用植物得到栽植的，而在法国西南部的耶尔群岛，它们在被远征的十字军由中东带回后，也作为装饰性的新奇物种开始受到关注。在12世纪里，掌握了以蒸馏方式制备药物和香水技术的阿拉伯人，从酸橙花中提取出了一种可减缓肠胃胀气的精油，又摸索出了用酸橙果皮治疗肠绞痛的门道。

酸橙树的叶子和花朵都有健胃、镇静和抗痉挛的功效。在欧洲，它们被用于对症神经反应过度造成的所有不适，如心悸、呃逆、癫痫和抽搐等。它们还被用来治疗咳嗽。果皮则有养生之功。

> **柑橘属植物**
>
> 柑橘属的所有植物都具很高的药用价值，其中最重要的当数柠檬和香橼。在埃及文化和希伯来文化中都占有重要位置的香橼，是通过东南亚和中国进入欧洲的，最早的落脚点是地中海地区。柠檬则是阿拉伯人在11世纪初带到欧洲的。

重大成果

从16世纪起，法国滨海阿尔卑斯省（Alpes-Maritimes）的格拉斯镇（Grasse）开发出以酸橙为中心的香水文化与香水工业，兴盛的势头一直保持到20世纪。从嫩枝和叶子提炼出的橙叶油，其中含有香叶醛和橙花醛，可添加到种种药物中以散发出特有的柑橘香气，此外还富含柠檬烯、橙花醇和芳樟醇。酸橙果实中含有类黄酮，可维持毛细血管的正常弹性以保证所需的渗透功能。这类化合物还可以促进食欲。附带提一句，柑橘属的所有果实都含有此类物质。从构词学角度追根溯源一下，指代柑橘类水果的法文argume源自拉丁文acrumen，意思是又酸又苦。动物实验表明，酸橙所归类的这个柑橘属，所有的果实都有降低胆固醇的作用。

酸橙与保健

今天的人们又发现，橙叶油用于按摩、洗浴和加入气雾剂中都会产生放松作用，故可在遭受睡眠障碍、神经失调、压力过度、肌肉痉挛和消化不良之扰时考虑使用。此外此油还可缓解女性经血不调，对治疗痤疮和脂溢性皮炎等皮肤病也起一定作用，是一种很不错的有助于愈合的药物。

酸橙花和干燥的果皮都被收入《法兰西共和国药典》，并在药房中售卖，冲沏成茶可用以宁神、安眠和增进食欲。

古代人相信香橼树的果实枸橼有多种药用价值，故用之于驱虫、解毒、救治蛇咬，以及镇咳、顺气和促进消化

异株荨麻

(*Urtica dioica*)

荨麻科 荨麻属

有毛——让人难受的毛

蛇咬和蝎螫是古时候地中海地区人们的心头之患，毒蛇中的蝮蛇更会令乡民闻之色变。为此，人们寻觅出不少可用以应对的药草。异株荨麻便是其中一种。不过，尽管本书反复对前人的实践表示尊崇，但具体到这种植物上却有些不敢苟同。狄奥斯科里迪斯认为，用异株荨麻叶子拌上食盐可以救治坏疽、溃疡、下疳和被狗咬伤——对不起，他搞错了；古希腊医生阿波洛尼乌斯（Apollonius Mys）说用海龟煮汤加入异株荨麻的种子煮成稠糊，可解动物蝾螈和植物天仙子所含的毒素，又能救治被毒蛇和蝎子所伤的人——他也没有弄对。写过《毒蛇等咬伤的治疗》和《毒与解毒剂》的古希腊诗人尼坎德（Nicander de Colophon）则告诉人们，异株荨麻的种子可以解除毒参、毒蘑菇和水银的毒害——他同样没能说准。

诸般性质

古人探查异株荨麻有何应用的情况前面提了不少，现在该谈谈人们对这种植物的印象了——一言以蔽之，十分不堪，因为它有螫刺性。

其实，异株荨麻可以用于止血。在这一点上，狄奥斯科里迪斯就观察到，将其叶片弄碎后放入流血的鼻孔，不消片刻血便不再淌出；掺上没药粉又可涂敷在子宫托上助妇女通经。此种植物还有提高身体抗炎能力的作用，意

性状简介

- 草本植物，地上部分由根茎生出，成株高60厘米—1.20米。
- 全株植物覆盖有短而具刺激性的刺毛和长而柔软的细毛。
- 叶深绿色，对生，卵形，边缘呈大锯齿状。
- 雌雄异株，雄花雌花均体小，各在相应植株上聚集成簇。
- 结卵形瘦果。

110

指可促成人或动物体内的血液更多地流向发炎部位而加速消肿。

异株荨麻也是一种利尿剂。希腊医生便用牡蛎与荨麻叶同煮后敷于腹部的做法，解除排尿障碍并刺激尿液生成。

异株荨麻还有防治贫血和帮助骨质与牙齿釉质再矿化的性能。有一部古代著述中提到，若用它触碰患昏睡症病人的腿部特别是额头，就会使其很快苏醒。不知道这一结论是否只是想当然的产物耶？

> **家庭保健小偏方**
>
> 杯中放入 2—3 茶匙异株荨麻的干叶片，用开水冲沏，再浸泡 15 分钟后饮下；每天喝 3—4 杯，可排毒利尿。用其干燥的根煮水（每杯放入量为 1 茶匙），每天喝 1—3 次，可预防肾结石的生成，还会保护男士的前列腺。

荨麻与保健

异株荨麻因其叶子有利尿、保护泌尿系统和前列腺器官的作用，根部也能解除前列腺体增生之厄，因此至今仍是得到保留的物种。它不但能促进人体内含氯化合物和尿素的排出，而且不含草酸盐，所以适于用作痛风患者的利尿药。

它还可以用于对症肌腱炎和退行性关节病等多种与关节有关的病痛，并可用于与外伤性骨病变和软骨组织再生有关的种种救治。我曾看到我的祖母从花园里摘来一束异株荨麻，直接放在自己的肘部揉搓；这曾让我很是担心，但她老人家似乎对结果感到满意。

有的去头皮屑洗发水中也含有异株荨麻。此物似乎对美容也有贡献。不过要是认为它还有生发功效，结论未免下得尚早。

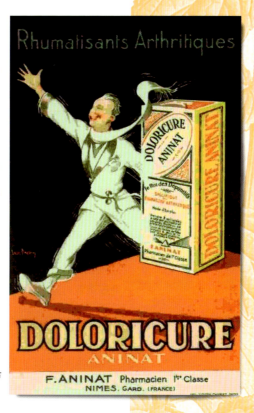

向荨麻致意！它有种种养护关节的好品质，让我们能够健步如飞

欧洲赤松

(*Pinus silvestris*)

松科 松属

散清香保肺康

欧洲赤松是松属中的一员，而松属又归类于松科。松属中有好几个物种都有药用价值。欧洲赤松的原生地在山区，后被广泛种植到平原，而原来生长在地中海沿岸的同属野生海岸松（学名 *Pinus pinaster*），也变成了法国西南部，特别是朗德省（Landes）大工业种植园的人工栽植成员。香气浓郁的欧洲赤松长期以来一直是药物的来源之一，从20世纪中叶起又得到更慎重的对待，同时也在精油制造业再造辉煌。

松脂

在松树的树干上割开口子，树干中的含油树脂便会淌出。这是一种浓稠的液体，叫作松脂，有强烈的难闻气

性状简介

- 常绿乔木，成株高25—40米，树干挺拔，叶为针状，绿中略带蓝灰色调，3—6厘米长，每两针并为一束。
- 花期在五六月间，雄花与雌花共同聚成葇荑花序，雌花位于上方，末端带紫褐色；雄花簇拥在下方，呈球状。
- 果实为卵球形锥体，长3—6厘米，下垂生长，成熟期三年。
- 种子带翼翅。
- 全树各部分都有香气。

味和刺激性，味道苦涩、令人反胃。它曾被用于治疗肺叶和膀胱的慢性黏膜炎，还可减轻老年人的痰症，而且无论有无咳嗽均有效果。来自海岸松的松脂很受药店重视。

松节油——来自松脂的精油

很多人都知道松节油这种东西。油画家们会用它来清洗画笔。其实今天人们所用的多为工业合成品，以前倒是当真与松树有关，是通过蒸馏松脂得到的。作为医药，松节油可用于治疗某些神经痛、驱除绦虫，更可与乙醚等其他物质一起服用以打下蛔虫等寄生虫。除此之外，据信它对便秘、小儿四六风、癫痫等亦有一定疗效，还在按摩时加施的试验中，证明对风湿病、痛风和间歇性发烧均有效力。后来又确认它有抗菌性能，对此有治疗疥疮、坏疽、头癣、糠疹和医疗保健相关感染方面的资料为证。（这里提到的医疗保健相关感染，其实也就是以前所说的医院内感染。）

建议患哮喘者不要接触松节油，以免对呼吸系统产生不良影响

松焦油

从事园艺劳作的人大抵都知道"挪威焦油"这一商品，而知道的原因是它的气味。这种气味不但相当刺鼻，而且十分强烈，即便装在容器里，盖好盖子，再放入小花园的工具室里并且关上门，一进花园也仍会闻到它的气味。它们是用来给树木的创口消毒的。"挪威焦油"的主要成分为松焦油。这是一种黑褐色的半固体，系将不再含有松脂的干松木碎片缓慢干馏得到的产物。松焦油也可用来给人治病，20世纪的用法是，将一份松焦油和八份水掺到一起静置数日后施为。因这一产物中含有水分，故特称为松焦液。松节油的种种特点，松焦液也都具有。在熏蒸方式下，它对支气管、肺、喉和咽部等与呼吸系统不健康的患者均有疗效；若直接涂敷，又可治疗多种皮

沾了表亲杉树的光

一种加添了松焦油的老式硬糖有一种美好的甜味，在嘴里含化时，香气会随蜜糖慢慢沁入喉咙。这种感觉，想必许多人都享受过吧。产自孚日山（Massif des Vosges）的松焦油中还含有桉叶油，用以制成的硬糖还兼有镇咳祛痰的功效咧。有一种治疗支气管炎的疗法叫芽胚疗法，用的是将杉树的芽体干馏得到的杉焦油，但由于松与杉都同属一个大家庭松科，致使人们以为这种焦油也来自松树的芽体呢。

肤病、皮炎、溃疡、头癣和皮肤瘙痒；内服它还能对症痔疮引起的肛门瘙痒。此外，它还可施之于家畜，治疗乳房擦伤和吮吸伤。

勃艮第硬松脂

如果我们忘记采收欧洲赤松淌出的松脂，它便会自行慢慢脱水，结果是形成硬块，以前人们称之为勃艮第硬松脂。它过去主要用于农村，像打石膏那样包在受伤的腰部和有顽固性肌肉疼痛部位的周围。对于复发性坐骨神经痛，常用的发疱药物和含吗啡的盐类都不会有什么效果，而勃艮第硬松脂却会起作用，疗法是将大腿或腰的疼痛部分完全用厚厚的勃艮第硬松脂包起来。由于包起后的形状有些像旧时法国里昂（Lyon）执行砍头差事的刽子手所穿的短套裤，致使人们将这一治疗方式谑称为"穿上里昂刀斧手的裤子"。

松与保健

自20世纪以来直到如今，松树的主要医用领域一直是呼吸道疾病，其他的都已不大有人用到了。

人们用从松树的枝干上生出的树芽——新采的和放干的均可——制取糖浆和糖果。它们是治疗支气管炎症的出色药物。将树芽单独或者与精油一起熏蒸，可以减轻呼吸道的充血状况，并能消毒、祛痰、将黏体液稀释、杀灭细菌和真菌，对鼻窦炎、支气管炎、流感和痰咳也都会起

勃艮第硬松脂曾用来制作糖浆和开胃酒。它们除了供饮用，还兼有治疗支气管疾病的功效

作用。人们还记住了此物的镇痛功效，会用植物油稀释后用于按摩，以解除腰痛和风湿痛。

松节油也有助于带来平静、舒缓的心境。以往的一向做法是洗浴时将它滴入浴缸，如今则改为雾化后喷入周边环境后吸入。

弦乐器琴弓的弓毛上所擦涂的松香便是由松脂提取的

欧洲赤松与口腔保健

人们以往利用勃艮第硬松脂的防腐性能来保持口腔清洁，还用欧洲赤松树皮制成药膏以外敷方式医治溃烂的内面颊和舒缓牙痛。狄奥斯科里迪斯曾建议将此树的针叶磨碎后煮水清洗牙齿。可以说，无论是清喉液、漱口水、口腔溃疡药还是牙病药，里面都可能有欧洲赤松的精华。

美容建议

马蒂奥利给了我们一些美容偏方，其中不乏灼见："蒸馏颜色仍青绿的松球果水，用布浸蘸了敷于面部可除脸上皱纹，敷于双乳可阻止下垂。此浸汁还有防止女子私处松弛的功能，但若使用榨汁会更加有效。"

车前属
(*Plantago*)

车前科

再得起用

车前是一大类不起眼的小型草本植物，路边和草地上都常能见到。它们在传统的农村医药中曾显赫一时，后来却落入半被遗忘的状态。不过后来倒是有个来自异域的品种引起了欧洲人的注意，并以印度当地的叫法"伊斯帕圭"开始流传。后来欧洲人也给它起了本地俗名金黄车前，外加一个学名 *Plantago ovata*。

我们应当注意车前草，因为它们有好多种，而且都有药用价值。正因为如此，在谈到车前时，大家应当先搞清究竟说的是哪一种。究竟各种车前都可治什么病，19世纪的人们对它们进行了认真研究。

在16世纪，长叶车前和大车前（学名 *Plantago major*）主要用于治疗三日疟，同时也用于其他多种疾病，如痢疾、白带异常、黏膜炎以及出血等，还可对呼吸系统疾病施治。将它们切碎后打在蛋清液里，涂敷在烧伤部位，此法既简单又有效。有一种对付包括蛇咬在内的多种毒伤的方法更简单，就是将其叶片的汁水直接涂抹在皮肤上。人们还用这种汁液冲洗患结膜炎的眼睛，又以蒸过车前的水治眼球感染。

车前草与保健

目前，金黄车前也已出现在欧洲各药店。此物既有治疗非顽固性便秘的功效，同时也有止住轻泻的能力。这种植物原生于印度与伊朗，自远古时代便一直在那里生

性状简介（以学名为 *Plantago lanceolata* 的长叶车前为代表）

- 多年生草本，成株高 10—40 厘米，叶子基部呈莲座状，叶片为完整的披针形，贯有 3—5 条明显的突起叶脉，触感粗糙，叶缘有细微齿凹。
- 花茎从莲座中抽出，顶上开黄棕色 2—4 毫米小花，排成穗状，花蕊为乳黄色，自花冠中长长伸出。

长，不过也很适应欧洲的气候。在摩洛哥以及整个撒哈拉地区，它的种子会被磨成粉，与大麦粉或其他谷物粉混合在一起，烘焙糕饼或熬粥。

金黄车前的种子的种皮中含有一种特定的胶浆，而且含量特别丰富。该胶浆是当前的《欧洲药典》中录入的条目。它可吸收 10 倍于其重量的水分，因此以这种吸收多量液体的能力，有效地遏制腹泻，又因在肠里的粪便中增加了体积，故可促发大肠的蠕动将其排出。另一点也不容忽视，即这种胶浆可与胆汁酸所携带的胆固醇结合到一起后排出体外。

若为便秘所苦，不要使用硬性手段，须知金黄车前对于此症特别有效

取 60 克金黄车前的叶子，在 1/4 升水中浸渍一夜。过滤后饮用所泡之水，可以控制肠绞痛、腹泻和膀胱炎。饮用时间应在泡好后的 24 小时之内。将泡过的叶子叠起来外敷，可治疖子、脓肿和湿疹。

其他几种富含胶浆的车前草种子的种皮

上千年来，地中海地区的人们还一直使用另外几种车前治病，如黑车前（学名 Plantago afra）、对叶车前（学名 Plantago arenaria）等。因为它们所结种子的种皮中都含有胶浆，故在商业制剂中也统统都被标上金黄车前的名目。埃及人远在法老时代便用它们消解泌尿系统的炎症，还作为一种润肠药使用，到了 16 世纪更进而用于灌肠和救治腹痛。摩洛哥人也为同样的目的利用它们，将其种子在牛奶中浸过后，用于治疗便秘、腹泻、胃溃疡和痔疮。

药效相同的三个品种

车前属中有三个品种在民间医学中被视为有同等的医疗功效：一种是在性状介绍中提到的长叶车前；另一种是大车前；第三种是北车前（学名 Plantago media）。

马齿苋

(*Portulaca oleracea*)

马齿苋科 马齿苋属

动脉之友

马齿苋是人们熟知的野生植物，在花园里、路边上、果园中和石块旁都可以见到。它是从中国传到欧洲的，最先在希腊落脚，随后便无处不在了。庄户人家视其为野菜，用来做凉拌菜或烧汤，还拿它当草药用，可谓既见仁又见智。坦白地说，乡下人并不太拿它当回事儿，可探险家们是很重视的，因此植物富含维生素C，有预防坏血病的功效。这一做法是从库克船长开始的。他曾说过，自己很高兴为他的船员们带上了马齿苋。它很有营养，人们会在初春时分采来它的嫩芽，放在头道菜里作为点缀。

马齿苋的植株内含大量黏液，可作轻泻剂和给儿童驱虫。它的种子有镇静作用，故可用于舒缓各种炎症和呼吸道、消化道及尿道的不适。如果将它们在牛奶中煮过，吃起来味道会好一些。

马齿苋利人齿

马齿苋最重要的医疗看点是在口腔。公元1世纪时罗马帝国的御医斯科里伯纽斯·拉各斯（Scribonius Largus）所配制的解毒药中便含有此种成分。老普林尼则告诉人们，细细嚼烂的马齿苋有消除口腔溃疡、使牙龈消肿和缓解牙痛的功能。17世纪的法国生物学家瓦蒙·德博马尔（Valmont de Bomare）也介绍说，如果因吃未成熟的水果导致牙根发酸，嚼些马齿苋会有所缓解。今天的人们若犯牙疼，也不妨用新鲜的马齿苋叶榨汁漱口。

性状简介

- 一年生植物，匍匐或悬垂生长，株长10—30厘米。
- 卵形肥厚叶片，茎干多汁，呈红棕色。
- 贴梗开黄色小花，可单独，亦可聚成小簇。
- 卵球形蒴果，内包多粒黑色细小种子。

马齿苋与保健

马齿苋是地中海地区的人们用来拌一道传统沙拉的食材之一。环绕这个海域生活的人们,如亚美尼亚人和黎巴嫩人就是这样做的。地中海饮食以其被认为能够使人健康长寿而著称,而据信能够保护心血管系统的马齿苋,自然在逻辑上符合这一饮食系统的标准。

我们现在知道,这种植物含有丰富的 ω-3 类多元不饱和脂肪酸。此类必需脂肪酸对血压、血管舒张、血小板聚集和炎症都起着有效的调节作用。更概括地说,它是我们的心脏与动脉之友。此外,ω-3 类脂肪酸对保护这两种器官的作用,还会因维生素 C、E,β-胡萝卜素和谷胱甘肽等多种抗氧化剂的存在得到进一步的加强。

最后一点,这一因其多种美好性质而得到赞美的植物还是一种肌肉放松剂,可以迅速产生显著的解痉效果。它还可以制成胶囊,作为关节疼痛和更年期障碍患者的营养补充。

解除"倒牙"

吃冷或吃酸的食物时,牙齿会感到不快。人们通常称之为"倒牙"。为了缓解这种冷僵、酸麻感,咀嚼马齿苋是有效的方法之一。它的汁液黏稠而温润,这在法国牙医于尔班·埃马尔(Urbain Hémard)1581 年撰写的第一部牙科学专著《牙齿解剖学研究:牙齿的构造和特性》中便已提到。

Pourpier doré à large feuille

作为野生物种,它们相当不受莳花弄草者待见,但同时又作为栽培植物得到繁育。栽培马齿苋的叶子有绿色和金色两种,也都具有与野生物种相同的药效

地问荆

（*Equisetum arvense*）

木贼科 木贼属

历史悠久的药物

名带"问荆"二字的木贼属植物有多种

地问荆是若干种名称中带"问荆"二字的同属植物的代表。将这种蕨类植物作为药物使用是安全的，并且无任何配伍禁忌。但一定要严格符合规定用量，如服用过量则可能导致中毒，特别是对于有出血性疾病或痛风的患者。此外，与地问荆同属的林问荆（也称林木贼，学名 *Equisetum sylvaticum*）因含两种多量的强生物碱——沼泽木贼碱和犬问荆定碱——对动物也有毒性，若混入草料中会引发严重的疾病，甚至导致死亡。不过牛天生是不肯吃它的。

性状简介

- 多年生草本植物。
- 从地下萌发出两类茎枝。
- 春天萌发的茎枝肥厚，黄棕色，没有叶绿素，有繁育机能，在生长的最后阶段会在顶部形成细长的穗状圆柱，包覆有类似鳞片的棕色结构，内有孢子。
- 夏季萌发的茎枝是绿色的，含有叶绿素，无繁育机能，空心，抱茎生有轮生的针状叶。

有不少资料表明，自远古以来，木贼属中的若干成员便被用作医药，它们都被叫作某某问荆。然而对这些信息须审慎对待，因为它们有可能只是某些茎干也从地下笔直钻出的其他物种。例如，12世纪的埃及御用草药师伊本·巴伊塔尔便将一种会结红色果实的草说成问荆，然而问荆这一大批2.5亿年前便已存在的古老植物其实属于蕨类，既不开花，也不结果，繁殖是以孢子形式进行的。

地问荆有两个曾得到古代医生指认的性质，是经后世检验得到证实而为今天的医学界接受的。这两个性质为：一是维稳，即保障生物体的总体动态平衡；二是利尿。狄奥斯科里迪斯曾指出，地问荆的这两个作用在肠道中发挥得比在膀胱中更充分。他的弟子盖伦又进一步证明，即便将神经切断，地问荆也仍能有效地促成伤口愈合。

中世纪的医生们与其古代前辈一致，再次认可了这一植物的优良药性，同在此属内的多个成员都被认定可以对症人的肺部溃疡，解决泌尿系统的种种问题，排出肾结石；还可以治疗牛的结核病、睾丸充血和擦伤，以及止住

马的尿血等。此类观念一直延续到 18 世纪。

地问荆可对血液中的多种成分起作用，从而改善血液循环，也因此被制成一种名为"青春茶"的商品

地问荆的名声接受考验

地问荆也曾被用于巫术，具体原因并不很清楚，但可能正是因为过度渲染，导致它的声誉恶化到后来几乎完全被遗忘的程度。不过有些医生仍然捍卫它，这才使其医用并未完全遭到终止。19 世纪末的德国天主教主教塞巴斯蒂安·克奈普（Sebastian Kneipp）曾在 1890 年宣称，地问荆是阻止呕血和咯血的最佳药物。卡赞医生更进而补充说，此物是防止女性更年期病理性阴道出血的必备药。

地问荆与保健

到了 20 世纪时，法国又有一位保罗·维克多·富尼耶（Paul Victor Fournier）医生指出，地问荆既可利尿，也可止血，并有助于牙齿釉质与骨质的再矿化和人体组织的修复。我们现在仍然将其指派这些用场。丰富的硅含量是它在关节软骨形成、骨质矿化和皮肤修复中起作用的原因。可以用地问荆的无繁育机能的茎干或用其加工成的胶囊冲泡保健茶：用量为每杯水放 2 茶匙，每天饮 1—3 杯，可治疗尿路感染、助消化，对头发和指甲的再矿化护理也有效果。

金鸡纳属
(Cinchona)

茜草科

耶稣会士带到欧洲的粉末

不只是在炎热地区生活和去那里旅行过的人,而是几乎所有的人,都不会怀疑疟疾是个大祸害。过去几个世纪以来不得不直面疟疾的大探险家们都知道这种疾病,也更关心找到治疗这种热带病的药物。他们最后终于在南美洲如愿以偿。

在南美安第斯山区(Andes)生活的原住民根据自身的医疗实践,掌握了用几种特定树的树皮对付这种恶疾的知识。西班牙人占领秘鲁后,知道了这些树皮的功效,并统称之为"秘鲁树皮"。前来传教的天主教耶稣会士于16世纪末将此类树皮作为药材带回欧洲,送到了罗马教廷。在那个时代,对疟疾的病理研究最下功夫,也最有成绩的是耶稣会士。他们在自己的宗教团体内试用这种药材并取得了成功,但反响却出乎意料。英国的新教徒指责这是天主教徒搞的鬼;法国也有加尔文教派抨击这是耶稣会在玩弄障眼法。1679年,英国一名没有正式医生资格,因此被本国人视为"野药贩子"的江湖郎中,用泡有此类树皮的药酒——他称之为Quinquina——治好了法国王太子的疟疾,这种药酒也在太子的父亲路易十四的支持下声名大噪,从此在法文中,该药酒、该类树皮乃至提供树皮的树木本身,一概便被写为Quinquina,中文则音译成"金鸡纳"。

性状简介(以模式种、学名为 *Cinchona officinalis* 的正鸡纳树为代表)

- 灌木或小乔木,高可达6米,叶片形状介于椭圆形与卵形之间。
- 花朵组成聚伞花序。开放在茎干的侧枝上。
- 管状花,花冠颜色从粉红到紫,结蒴果。

秘鲁树皮

秘鲁树皮的秘密直到19世纪才得以揭开。1820年,巴黎药学院的两位教授皮埃尔·约瑟夫·佩尔蒂埃(Pierre

Joseph Pelletier）和约瑟夫·别奈梅·卡文图（Joseph Bienaimé Caventou）从这些树皮中分离出一种化合物，取名为奎宁，又因树名和树皮名为金鸡纳而又称金鸡纳霜，并在佩尔蒂埃本人开设的药房销售。后来实现的以工业规模快速提取，使这种治疗疟疾的物质真正造福了民众。但得到此物的关键，是作为原料的树皮只能从南美的几种特定的树上剥取，而这几种树都是同一个金鸡纳属的成员，故往往造成原料的稀缺断档。法国植物学家休·阿若农·韦德尔（Hugh Algernon Weddell）率先将其中的几个品种的种子带回巴黎国家自然历史博物馆，并在欧洲的各个植物园试种，结果发现它们只能在热带地区成活。1850年，英国人首次在印度的大吉岭地区（Darjeeling）、喜马拉雅山脉南麓和锡兰（今斯里兰卡）等殖民区种植成功。荷兰人也在爪哇岛（Java）取得了同一成绩。通过优胜劣汰，含奎宁量高的物种得到广泛栽培，而锡兰的金鸡纳种植园全遭败绩，遂使英国的殖民当局毁掉自己的金鸡纳树而改栽茶树。这样一来，到了1939年时，荷兰人便取得了提供金鸡纳树皮的垄断地位。但在翌年，德国在对荷兰本土进行轰炸时，毁掉了储放在阿姆斯特丹港的全部金鸡纳树皮，日本人又侵占了爪哇。感受到来源压力的美国和澳大利亚，迅速在刚果、象牙海岸（今名科特迪瓦）、几内亚、喀麦隆等未被轴心国占领的所有非洲国家开辟了金鸡纳种植园。

疟疾

疟疾，又称寒热病、打摆子等，是寄生于按蚊体内的几种疟原虫属的微生物通过宿主叮咬传播给人类和动物导致的严重疾病。根据世界卫生组织2018年的报告，单在2017年一年，此恶疾在全世界范围内影响到的人口便超过了2亿，其中43.5万人死亡。

金鸡纳与保健

第二次世界大战结束时，人们已通过化学方式合成出抗疟药物氯喹，结束了只依靠奎宁这一天然药物的历史。但到了20世纪70年代，情况出现反弹，对合成产品有抗性的疟原虫出现了，然而奎宁仍对其有效。天然又占了人工的上风。

"金鸡纳"在英文、西班牙文、葡萄牙文和意大利文中的写法均为cinchona。这得归因于一位西班牙派驻秘鲁总督的妻子。她是第一个经金鸡纳树皮治愈所患疟疾的欧洲人，于是该总督的封地Chinchón便被用来命名这一有神奇功能的植物

光果甘草

(*Glycyrrhiza glabra*)

豆科 甘草属

根茎可治病

在这个世界上，嚼过光果甘草棒这种看上去像是树皮、口感也粗粗拉拉的零食的人委实不少，吃过因含光果甘草而使外观像无烟煤一样又黑又亮的糖果、喝过能提神解渴的光果甘草柠檬水的人也不在少数［光果甘草糖是欧洲人，特别是北欧人很习惯的糖果，色泽漆黑，吃起来有一股接近八角（又称大料）的味道。光果甘草柠檬水是碳酸软饮料出现之前，在欧洲、特别是在法国和比利时流行的一种大众化饮料，在法国又名"可口"（coco），由小贩沿街叫卖，价格低廉，故特别受儿童欢迎。——译注］。然而，如果看到古书中提到这种甘草也能治膀胱发炎、肾区疼痛，皮肤皲裂和生殖器溃疡，再得知如今的医务界也这样认为后，读者便可能不再将它视为可有可无之物了吧。光果甘草以及同属的其他几种甘草，人们是都知道的——三千多年前便已知道了，而且埃及人还认为它们的主要功能是药用。甘草根茎的柔嫩部分已作为药物沿用了数百年，希腊人认为它可祛痰驱风，狄奥斯科里迪斯用它止咳。阿维森纳等波斯医生指明其有润肺清音的功效。中世纪的医生们更是全盘接受了这些医用认知，又加上了解口渴和抑制饥饿感的能力。

小甘草用处大

中国人在更早些时便已相信甘草能够消炎清热，并

性状简介

- 多年生草本，生有木质根茎，成株高 30 厘米—1 米，茎干直立。
- 叶子由 9—17 个小叶组成，卵状长圆形，下叶面略带黏性。
- 花期在六七月间，花朵淡紫色，在茎枝顶端簇生为穗状。
- 结出长而扁的荚果，荚内含 3—4 粒种子。

可医治烧心（胃溃疡）、肠胃疼痛、皮肤溃烂和心悸气短。（甘草也有副作用，这一点只是到后来研究高血压时才认识到，个中缘由委实难以厘清。）美丽的法国城市蒙彼利埃是欧洲最古老医学院的所在地，当年该学院的学子们常常在通过考试后向路人分发用光果甘草根茎制成的糖果以资自我庆祝。（如今已改成向过路车辆投掷鸡蛋和泼撒面粉了，真是此一时彼一时呀。）欧洲人还早早就发明出一种用光果甘草制作的小巧美食，供朝圣者沿着著名的"圣雅各之路"前去圣地亚哥‐德孔波斯特拉（Saint-Jacques-de-Compostelle）朝圣的跋涉途中恢复体力［圣地亚哥‐德孔波斯特拉是西班牙西北端的一座小城，相传耶稣12门徒之一的大雅各（Saint James the Greater James，这一男子名源自希伯来语Jacob，中译为雅各布或雅各；因为12门徒中还有一个同名圣徒，故分别记以大雅各和小雅各，有时也加上他们各自父亲的名字以资区分。）安葬于此，是天主教朝圣的圣地之一。自中世纪以来，前来此地的朝圣者络绎不绝，乃至形成了一组有名的朝圣之路，即"圣雅各之路"。此路在法国有若干条，进入西班牙后逐渐合并，大体上沿着比利牛斯山南麓伸延西进。——译注］。

不含甘草的"甘草糖"

在20世纪50年代，在经常嗜用甘草——不只是光果甘草，而是甘草属的众多成员——的人中，已经观察到高血压症状，而且多数是想靠甜物转移烟瘾或胃部不适的重度吸烟者或酗酒者。这是甘草根茎中所含的甘草酸导致的。避免此种结果的对策之一，是为这些人提供不含甘草酸的片剂。拿破仑是有胃病的，但他一直嚼光果甘草，不知他是否也有高血压？

光果甘草与保健

如果方法得当，即便摄入甘草酸，也仍可预防高血压。生长四年上下的光果甘草，根茎中会含有较丰富的甘草酸（4%）。药店和草药堂均会切碎并干燥处理后发售。如果用开水沏泡（每升水中放入4—12克）后饮用，便不会导致高血压，但以只在白天摄入为宜。此水有利于缓解种种消化系统紊乱的症状，如腹胀、肠气下泄频繁、胃纳屡屡上逆等诸般消化不良；用来漱喉又可治咽部肿痛；掺入漱口水中亦可以减轻口腔溃疡引起的不适。

将光果甘草作为药材使用时，一定要向医生咨询。对于健康人来说，连续沿用期不要超过六周。

咀嚼光果甘草棒有助消化，但应适可而止

迷迭香
(*Rosmarinus officinalis*)

唇形科 迷迭香属

美名源自"海洋之露"*

迷迭香的老家在地中海地区。与任何香气浓郁的芳香植物一样，它自古以来就在传统医学领域内享有盛誉。阿拉伯人为芳香植物的利用做出了巨大贡献，发明了通过蒸馏提取芳香精油的方法。不过在此之前，迷迭香便已经是一种常用药草了。从10世纪开始，阿拉伯医生便强调此物有养护排尿功能和促成女子来潮，兼具疏通肝脾、清肺镇咳与平哮息喘之功，继而又认识到它有杀毒效能。有记载表明，在室内焚燃此物可给房舍消毒，散发出的迷迭香气味可驱除瘟疫，对遏制干咳和痰咳也有效果。

在14世纪，迷迭香的花朵被用来经过蒸馏制成名为"匈牙利液"的著名迷迭香精油，据说曾被用于治疗匈牙利国王查理一世（Charles Robert de Hongrie）的王后伊莎贝拉（Queen Isabella）的风湿病和痛风。迷迭香精油有不止一种，其中一种富含樟脑成分，如今是用于治疗肌肉疼痛、风湿病和关节炎的有效药物。不过即便在此种现代形式的药物出现之前，人们已经发明了用葡萄酒浸渍迷迭香的做法，或外敷用作治疗击伤、扭伤和化瘀的手段，或以药酒的形式内服饮用祛病强身。

愿君健康安宁

这里不妨提一提伤风一词的渊源。伤风又称感冒，

性状简介

- 低矮灌木，茎干通常直立，也有匍匐和下垂的变种；直立者成株高1—1.50米。
- 各变种的药效均与基本种相同。
- 生有大量香气浓烈的狭长针叶，宽2—3毫米，革质，有美丽的绿色和不同程度的光泽。
- 在法国南方生长的从2月份起开花，花冠呈现从蓝到紫的所有色调，也有浅粉色和白色的。
- 花朵较小，呈唇形，沿茎腋轮生。

---

* 迷迭香的属名 *Rosmarinus*，是拉丁文 "*ros*"（露水）和 "*marinus*"（海洋）合起来的结果。——译注

在法文中是 coryza，也叫 rhume de cerveau。前者源于希腊语，意为"沉重的头"——正是感冒初起时的症状，指患者觉得憋气、没有精神；后者中的第一个词也来自希腊语，意思是流出，全词语直译就是"从脑子里流出"。不过看到这个直译可不要慌神喔。感冒时流出的东西并非什么宝贵成分，一旦流出便永远丧失。这种流出之物其实是鼻涕，来自鼻腔，与大脑之间以骨壁相隔；因此所发生的只是"从脑子附近流出"，是胸腔里的呼吸道生成的带些黏性的液体通过鼻腔排出。如此而已。因为这种表证，伤风被 19 世纪的人们称为"脑漏"，其实并不凶险。可以借助对呼吸过程加以辅助的办法舒缓和治疗。建议将一小把干迷迭香针叶放入沸水，以熏蒸方式吸入鼻腔，既可使之清洁，又可同时消毒。还建议使用另一种传统方法，即在患病期间不断吸入燃烧百里香、迷迭香和桉树叶的混合物生成的烟气。

用于男幼婴的小手术

迷迭香有愈合伤口的效力和强大的消毒功能，因此阿拉伯人在行割礼时会用到由它加工成的粉末。

患鼻炎者嗅闻樟脑型迷迭香精油会有极好的效果

迷迭香与保健

除了用迷迭香的针叶沏水熏蒸及直接焙烧的手段治病，还可再加上使迷迭香精油在空气中自行扩散的方式舒缓鼻窦炎症状和减少呼吸道黏液，以及作为按摩油克服肌肉痉挛。此外，这一油液还有促进消化、肝脏解毒和调节胆囊功能的效用。

木莓

(*Rubus fruticosus*)

蔷薇科 悬钩子属

美味果实好吃得没个够

药酒

木莓嫩芽可用酒精浸渍成药酒。这样便可长期储存，故不同于以水沏泡。此物也很容易自制：将足量嫩芽放入500毫升45%的酒精内，浸泡半个月后便随时能用于漱口漱喉。用时在一杯水中倒入一茶匙即可。

性状简介

- 生命力强的植物，修长茎干弯成拱形或下垂生长，布有锐刺。
- 叶片呈深绿色，每每3—5片长在一起；边缘齿状，背面生有灰色茸毛。
- 开单瓣花，颜色从淡粉色到紫色不等，果实名叫黑莓，是一种有光泽、黑色、成簇生长的聚合果。

木莓到处可见。其实包括它在内的悬钩子属的所有成员都是如此。该属物种数繁多，直有好几百种，若再将园林里为观赏目的而繁育的变种算上，更会连1000种也打不住。不过确定种数是植物学家们的工作，本书只从医药角度着眼，大致盘点一下木莓的用途。从新石器时代起，木莓结出的果实黑莓就作为食品兼药物风行整个欧洲。木莓的植株颇具收敛性，狄奥斯科里迪斯便根据这一特点用之于固齿，并指出将新鲜的木莓叶嚼烂外敷，既可医治口腔溃疡与腺周口疮，还能缓解消化道另一端的痔疮引起的不适。阿拉伯医生用它制成药水，医治眼球和眼睑的炎症，还以之浸泡鸡眼作为割除的先行步骤。德国女学者宾根除了确认这些用途外，还用它治疗出血性腹泻。

集美味与良药于一体

木莓的嫩芽可供药用。干燥的木莓叶耐存储，可用

结出红色果实的覆盆子也是悬钩子属的一名成员。在传统医学中，用它的嫩叶煮水可治疗口腔和咽喉的炎症

于冲泡药草茶；用于漱口可治疗口腔溃疡、牙龈炎和腺周口疮；用于漱喉可对症咽炎和声音嘶哑。黑莓又十分可口，故为美食家所钟爱。法国的乡民常会以每天早上吃一小勺黑莓糖浆作为一整日的自我防治措施，非但不会损伤身体，更是兼享一种美味哩。

木莓叶的收敛性对治疗生殖器感染、白带过多和淋病都有效果。用它的新鲜叶子捣成糊状外敷，有助于消肿、排脓、拔疖和医治皮肤溃疡。北非地区也流行用它治疗浅表烧伤。用其煮水，洗眼可治红眼病，冲洗阴部可保下身清洁。

木莓与保健

木莓的医用价值目前基本上限于口腔范围。大家可以自己制备有关的药液。用半升开水冲沏 50—100 克嫩芽和花，浸泡 5—10 分钟后漱口漱喉，可用于喉咙痛、扁桃体炎、口腔溃疡、牙龈炎与腺周口疮。由于它含有不少单宁，也可以沏水或煎煮后饮用以对抗轻度腹泻。为了避免受到锐刺伤害，饮用之前不要忘记过滤。

此冲泡液还兼有美容作用，蘸之轻柔擦拭皮肤可使润泽。它的收敛性可令毛孔收缩，使皮肤细嫩如婴儿。

芸香
（*Ruta graveolens*）

芸香科 芸香属

有猫尿臊气的植物

这是一种被人们遗忘、即便没遭遗忘也被视为用处不大的小树棵子。然而，这一两千年来一直默默无闻的植物，其实却是一种多面手式的药材呢。这也就是本书中有它一个位置的原因。要列出它能发挥的作用，写下的将会是张长长的单子；而要开出用不到它的领域，倒会简短得多哩。

先看一看芸香得到普遍应用的两个方面，一为调节妇女经血，二为驱除体内寄生虫。芸香能够用于各种常见的妇女病，并有助于在任何状况下促成分娩（这便也包括了流产）。未孕女子也可直接食用或者榨汁饮用以期避孕。古希腊作家普鲁塔克则指出它会增加精子数量，与对孕妇的作用完全相反。

芸香有利尿作用，还可促成妇女来潮。狄奥斯科里迪斯告诉医生说，将芸香和莳萝籽儿一起焙烤，可以舒缓

性状简介
- 常青小灌木，成株高30—50厘米，羽状复叶，叶片灰绿或蓝绿色，基部叶片有叶柄，顶部则少有。
- 揉搓时会散发出令人不快的强刺激气味。
- 花朵黄色，花瓣边缘多叉并卷起，若干花聚成类似于伞房花序的形状，但并不具备此种花序的其他特点。
- 结蒴果。

芸香与视力

毕达哥拉斯认为芸香于视力有损。这是错误的。画家和雕塑师通常会在吃面包和水芹时加上些这种东西的嫩叶，其实就是为了养目。此植物对这一官能的益处得到了多方面的证明。有人喜欢在眼角滴芸香汁以明目，据说还有盲人更因此得以重见光明。还有些人将它掺入生下男婴的产妇的奶水，用来滴眼以期目光更加明亮。

急腹症造成的剧烈疼痛。所谓急腹症，是指因肠部不能正常蠕动导致的腹部不适，继之以整个腹部的痉挛，包括产妇分娩后出现的宫缩。芸香也掺和进迷信场合，被认为若在刚刚诞育过的母亲的奶水中加入芸香叶子煮一下，然后在第一次哺乳前给新生儿喂下一些，下一胎便会是另外一个性别的宝宝。

法国有五种芸香

芸香属在法国有五个物种，不过在古代只被划分成两类，即野生的和栽植的。无论怎样分类，每一种都会发出难闻的刺鼻气味，令闻者很受刺激。这样的特征，古人极不可能注意不到。它们令人不快，对人危险，人们接触时都会有明显反应，如闻到时面孔表情的变化，手臂接触到后出现的过敏等。芸香的致过敏性可用于皮肤病领域的实践。狄奥斯科里迪斯便说，将它与胡椒和火硝放入葡萄酒，可用于擦拭白癜风病人的患处。在摩洛哥，一种以芸香为主要成分的制剂便长期被涂布于此种出现大面积色素脱失的皮肤处，还用在巫术中借熏蒸以通灵。

芸香与保健

由于芸香具有毒性，现在已很少有人使用。若使用量不大，倒是能调经活血，但用多了就会造成流产。19世纪时，它一度被用来驱除和杀灭消化道内的寄生虫，不过后来便被更好的药物取代。有人不想让它就此沦为无用之物，于是有时会在一种以葡萄皮为主要原料酿成的白兰地里，添入少许芸香，以增加风味。

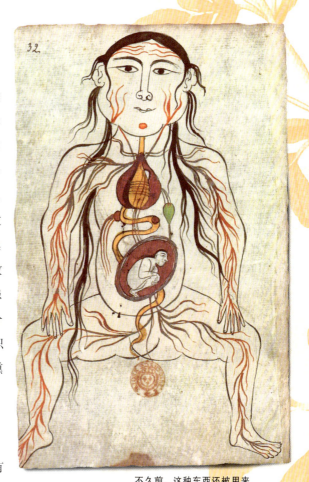

不久前，这种东西还被用来私下打胎，这样做实在有导致中毒与昏迷的重大风险

穗菝葜
(*Smilax aspera*)

百合科 菝葜属

"蓝精灵"的"健力宝"

穗菝葜这一常常生长于路边、灌木丛中和小树林里的植物，是一个名叫菝葜的植物属中的成员。而这个属中的成员有二百多个，形状大体相近，医学用途也基本一致。奇怪的是，这样一种到处可见的植物，居然没能进入民间的药草名册。只是当美洲进入世界版图，前去的欧洲人又在那里也发现有菝葜存在后，在欧洲一直不起眼的穗菝葜才进入药材世界。此时已是17世纪的事情了。西班牙人从新大陆带回欧洲的几种菝葜所带有的不同于欧洲同类的特点引起了注意，致使被认定优于外表朴素的本地物种。这一名声，再加上其一向得到南美人利用的历史，使美洲菝葜的声名在20世纪前一直经久不衰。

19世纪的欧洲医生们不屑一顾本地土生土长的穗菝葜，而钟情于来自南美洲和中国的舶来同族，尽管漫长的行程往往造成它们遭到虫吃鼠咬、状态不佳。舶来菝葜在欧洲的俗名最早叫 zarzeparille，是最早（也在上述的同一时期）由西班牙人从秘鲁带回的一种。此词的前半截 zarze 是西班牙文中对悬钩子属植物中一个品种的叫法，后面的 parilla 则特指一种小粒葡萄。此词传到法国后，拼法发生了一些小变化，结果便成了 salsepareille，进入英文词汇时又变成了 sarsaparilla［含有菝葜的碳酸饮料在进入中国后被称为"沙士"——就是此物在这几种欧洲语言中所用词语的前半截发音的音译。附带再提一下，

性状简介

- 多年生攀缘植物，生有柔软纤细的木质茎，长度可达15米，叶片革质，光亮，呈完整心形，具叶柄；每条叶柄上生有一对具攀附功能的卷须。
- 叶片边缘布小钩刺。
- 开3—5毫米的小花，结红色浆果，成熟时转为黑色。

学名为 *Smilax medica* 的药菝葜已在法国南方得到人工种植，专门用于制备兴奋剂。在 20 世纪里，以自美洲引进的多种菝葜为原料的多种制剂，如布里斯托菝葜补酒和其他品牌的保健产品，也已经进入市场

此种饮料中最有名的"黑松沙士"，得名于其生产厂家黑松公司（中国台湾）。——译注]。来自洪都拉斯的菝葜被多数欧洲人认为最出色，此外又有从墨西哥、危地马拉、巴西和牙买加引进的若干种，后来分别得到了 *Smilax officinalis*、*Smilax syphillitica*、*Smilax medica* 和 *Smilax papyracear* 等学名。

无果的争论

美洲的菝葜和欧洲的菝葜孰高孰下，历史上虽有争论却无结论。许多作者和医生认为欧洲本土的品种亦有与外来户相同的药效。12 世纪的意大利医生兼学者卢卡斯·基尼（Lucas Chini）就曾报告说，他在比萨（Pise）治愈了几个梅毒病人，用的就是取材于当地的菝葜根，其他一些在罗马行医的同人也是如此。它还可以对湿疹、牛皮癣等皮肤病的治疗起不小的作用，又能有效地排毒和利尿。对梅毒的治疗使菝葜获得了良好声誉，据说此物对麻风病也有疗效。南美亚马孙流域（Amazonie）的一些原住民还用它当作春药，以增强男子的雄风和矫正女子的更年期障碍。

穗菝葜与保健

现已知道，穗菝葜含有丰富的皂苷类有机物，其中一些有抗生作用，故可用于医治皮肤病。穗菝葜的根中又含起利尿作用的硝酸钾和酚类，由是利于风湿病、痛风和有循环障碍病人的有效排毒，目前有胶囊、水浸剂和药酒等形式供选用。

来自印度的偏方

有些印度人定期服用一种本土生长、学名为 *Hemidesmus indicus* 的植物，以自我净化和恢复性机能。将此种植物的根用水浸渍后捣碎，用文火煮煎成稠糊后，连续三天在禁食状态下服用。受此启发，17 世纪的欧洲医生也施用此物。其实它根本不在菝葜属内，只是因为根的形态与之相类，故得名为"印度菝葜"，又称"充菝"。欧洲医生规定的服用期从 15 天到 40 天不等，在此期间并不禁食，可以吃些李子、葡萄、鸡和野山禽之类。

撒尔维亚

(*Salvia officinalis*)

唇形科 鼠尾草属

用处真多，因此真好

性状简介

- 常绿亚灌木，成株高40—60厘米，宽80厘米—1米，天然状态下会蔓延成簇。
- 叶片上生有细皱，非常柔软，边缘呈细齿状。
- 开小花，花色蓝、紫、粉、白不等，群体成直立总状花序。

　　一些人的夸张，包括若干不可原谅的过甚其词，使撒尔维亚（《中国植物志》将此种植物定为多年生草本，同时又说其茎干的基部是木质的，这便使它十分符合亚灌木的定义。也有其他一些资料认为它属亚灌木。——译注）付出了本不至此的代价。实事求是地说，它是一种有多种优点的药用植物，可用于多种病痛，因此被称为全能药材。几个世纪前，它被用来参与一百多种药物的制备，简直有近乎仙草的名头呢。

　　是萨莱诺医学院以夸大的方式将撒尔维亚捧上巅峰的。《萨莱诺保健经》(Regimen Sanitatis Salernitanum，出现于12—13世纪，作者不可考，很有可能是书中提到的当时的医学教育中心萨莱诺医学院的教师所撰，这是一本以容易上口的诗体方式普及医学知识的著述。——译注）中就有这样两句诗文："撒尔维亚园内种，缘何园主寿数终？"这样问过后，接下来又有两句，为这种药草做了辩护："纵有千般万样好，借求长生总是梦。"其实，只要注意分寸，撒尔维亚的确有"维"的作用——至少是维系有生时期的健康。与此同时也不应贬抑，说它只是有股香气，药效也不起眼的东西。

怎么用都有效

可以说，撒尔维亚对循环、消化和呼吸系统都有益处，对皮肤也能起养护作用。此外还有其他有益健康的用项。它的香气使其被用于烹饪。此植物也容易栽种，不但可种在庭院里，也可种在随便什么容器里摆放在窗台上。有人建议将它作为所有家庭的必备药物。餐后喝用它的叶子所沏的药草茶或直接嚼些叶片，会有助消化和治疗腹泻；消化系统的种种痉挛，它基本上都能缓解；还可用于治疗气管炎，对女性群体又有调节经期和缓解更年期不适的功用，分娩时施用也会产生一定的助产功效。草药医生还用它来促成退乳，即让乳腺停止分泌奶水。有人说撒尔维亚对预防醉酒也很有效，不过未必十分可信。

作为外用药，当伤口、褥疮和溃疡都属轻度时，以撒尔维亚沏水清洗会有效果，按摩时加上它可降低出现瘀伤和扭伤的可能。撒尔维亚酊剂对保持口腔卫生也有作用，用于治疗黏膜溃疡和婴儿鹅口疮亦十分有效。

撒尔维亚与保健

撒尔维亚精油保留了该植株所有品质中能够有效对抗痤疮、脂溢性皮炎以及多汗的部分。而特别值得注意的是，它含有结构与雌激素相近的成分，故被称为植物雌激素的异黄酮，可用以缓解妇女更年期的神经疲劳和压力感，并在发展成此种状态前调节月经周期。服用以叶片部分制成的胶囊，则特别有利于发挥消化系统解痉的功效。精油和胶囊是此药草最能发挥药力的两种形式。

鼠尾草属中的又一种药草

鼠尾草属中有一种南欧丹参（学名 Salvia sclarea），最早以野生状态生长在温暖的法国南方。它也曾用做医药，并以 sclareiam 的名目记录在查理曼大帝时代的一本叫《大诰》的律令杂集中。今天它已经实现工业化种植，以满足草药医学实践的需要。过去如若有人眯了眼睛，将此物的种子放在眼睑下面，它所含的胶浆会迅速促成流泪，将灰沙连同带出。

白柳
(*Salix alba*)

杨柳科 柳属

柳之高者，柳之显者

要是身上哪里疼了，头部出现跳痛了，病牙来找麻烦了，发起烧来了……快快吃上一片阿司匹林就是。此种对策早已十分普及，真可说是以不变应万变哩！难怪阿司匹林已成为世界上消耗量最大的成药。今天，它不但一步步稳固着自己原有用途的牢靠地位，还被发掘出可能会具备的新功能。毫无疑问，它仍将是本世纪的大牌药物。

从其原生地究竟在何方，到19世纪进入现代工业社会后用化学方法加工成功，与柳树——包括白柳在内的整个植物属——有关的秘密着实不少。不过还是让我们从头说起吧。柳树自古以来就被称为药用植物，公元前1550年左右的著名埃伯斯纸草卷上就记有用柳叶煎汤的内容。希腊人特别认可用柳树的皮、花和树液来对症发烧、疼痛乃至性欲亢进的做法。伊本·马伊塔尔等12世纪以来的一批阿拉伯医生证实了这些功用，并补充说柳叶榨汁有清肝之效。马蒂奥利在16世纪发现柳叶对治疗失眠很有效。人们长期以来总结出的柳树的医疗功用可以列成长长的名单，最常涉及的是对疼痛和发烧的治疗。

柳树成为科研对象

一位名叫爱德华·斯通（Edward Stone）的英国牧师，1763年向伦敦皇家医学会提交了一篇报告，其中提到白柳的树皮对治疗发烧很有效力。在此之后，柳树的这一品种便得到了普遍利用。不过进一步的了解，来自一

性状简介

- 大型乔木，树高6—25米，灰色树皮会随树龄增长出现不断加深的纵裂。
- 枝条长而柔软，幼枝覆盖细小茸毛。
- 叶片呈披针形，具叶柄，柄上有细毛，叶缘布小齿，底面覆有细小的银色毳毛。
- 花朵黄中透绿，聚成柔荑花序，雄花含2根雄蕊和一个腺点，雌花退化为单纯的子房和柱头，只一侧有一司保护作用的小鳞片。
- 结蒴果。

位法国药剂师皮埃尔—约瑟·勒鲁（Pierre-Joseph Leroux）的努力：他在1829年从白柳皮中分离出了水杨酸，是在水中煮熬打碎的白柳树皮至浓缩程度后得到的。正因为这一来源，水杨酸也叫作柳酸。后来德国科学家又通过进一步加工，得到了纯净的水杨酸。这是一种白色晶体。真正起止痛退烧作用的就是它。用其他柳树的树皮同样也可得到水杨酸。

随着柳树大行其道，另一种植物也做出了并驾齐驱的努力。自中世纪以来，一种叫旋果蚊子草、学名 Filipendula ulmaria 的植物就被用来发汗及治疗腹泻，其根部又是对症高烧之物，还可利尿和减轻关节疼痛。自勒鲁从柳树皮中得到水杨酸后，又有两个人从这种草本植物中得到了这种物质：先是德国化学家约翰·弗里德里希·帕根施泰克（Johann Friedrich Pagenstecker）从中分离出水杨醛，继而于1835年被另外一位德国化学家卡尔·洛维希（Karl Lowig）转化为水杨酸。该有机酸的一种盐（水杨酸钠）不久便成为镇痛和退烧的风行药物，但服用后会引起胃部严重"烧心"。最终是法国化学家夏尔·弗雷德里克·热拉尔（Charles Frédéric Gerhardt）合成了乙酰水杨酸。热拉尔有了这一成就后又过了三年，德国拜耳公司的化学家们接续了他的工作，最终于19世纪末实现了乙酰水杨酸的工业化生产。

柳属与保健

白柳树树皮泡水可促进消化和解除胃痛，每天以饮用三次为宜。若改为以酒浸之（每升酒中放入50克）则效果更佳。白柳叶在水中煮过后可以用于外敷，对瘀伤、小伤口、拉伤和扭伤都有效果。

> ### 形信号论的又一实例
>
> 再提一次形信号论吧，这次与柳树有关。提出者是特别钟爱这一理论的帕拉塞尔苏斯。他相信柳树能治发烧，盖因它们的下部往往会浸在水里，而这样的地方会存在导致罹患疟疾之类的"瘴气"，故而自不待言……

1889年，拜耳公司为这种药物申请了专利，并将它定名为Aspirin。这一名称的由来系以西文中乙酰基的第一个字母a开头，又参照了含有相同有效成分的旋果蚊子草的属名Spirea的前四个字母，再加上一个词尾-in，便成了aspirin——阿司匹林［旋果蚊子草最早被归为绣线菊属（学名 Spiraea）后来改归入蚊子草属（学名 Filipendula），两个属并列在蔷薇科下。阿司匹林命名时是按照旧属的学名命名的。——译注］

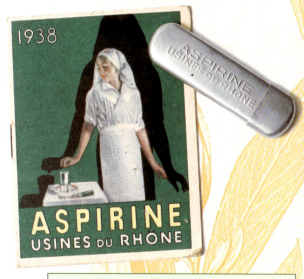

> ### 几种也有医用价值的柳树
>
> 在所有古代著述中提到柳树的地方，都没有具体指明是柳树属中的哪一种或者哪几种，而这一属中却包括有200多种呢（据《中国植物志》所记，柳属共有五百多种，单在中国就将近三百种。——译注）。在欧洲的柳树中，白柳是最常见的。与医用有关的其他柳树还有杞柳（学名 Salix purpurea）、紫茎柳（学名 Salix daphnoides）和爆竹柳（学名 Salix fragilis）。应当说，这些柳树的医药作用都是相同的。

137

欧洲接骨木
（*Sambucus nigra*）

忍冬科 接骨木属

此木不言，下亦成蹊

近年在意大利北部和瑞士发现的新石器时代的接骨木种子，证明此种植物长期以来一直与人类活动存在关联。古希腊人和古罗马人都用它治病，而到了中世纪时期，欧洲人又时时用它驱鬼避邪，因此在各个村庄广为栽植。

欧洲接骨木最早的医用是利尿、润肠和发汗，而且效果都很不错。这几方面的古代见证比比皆是。医务界于19世纪发现，它的紧贴着树皮的维管形成层有导泄功效。所谓导泄，是指排出身体内多余的液体，因此除了造成清泻，还可用于治疗浮肿，也就是今天医学上所说的水肿。对此狄奥斯科里迪斯的说法是"煮过的（欧洲接骨木）根利于水的运动"。

在比利时的农村里，人们经常使用包括维管形成层部分在内的欧洲接骨木树皮榨出的汁液促成和缓的泻肚。还有一种方法更简单，就是将此树的嫩叶用奶送下。那里的人们会定期这样做。到处都有人在利用欧洲接骨木治病，此类实践在法国的洛林地区（Lorraine）尤为普遍。在比利时的布鲁塞尔（Bruxelles）一带，农民们会直接生吃欧洲接骨木的树叶，就像食用其他用于凉拌的蔬菜一样。

医治坏疽

更令人惊讶的是欧洲接骨木的另一种用途，就是能够治疗坏疽。只不过在现代消毒方式出现后，此方式已压

性状简介

- 落叶灌木，成株3—10米高，枝条浓密紧凑。
- 每5—7个叶片羽状对生，平展，边缘有齿，叶轴处略被茸毛。
- 初夏开花，奶白色小花形成伞房花序，多花蜜，有香气。
- 结直径6—8毫米浆果，成熟时为黑紫色，多汁。

根儿无用武之地了。

一位来自荷兰马斯特里赫特（Maestricht）的外科医生霍夫曼（Hoffman）当年曾声称，他用欧洲接骨木花朵对坏疽进行了一百多例治疗，结果十分令人满意。他介绍的疗法是将欧洲接骨木花放入煮沸的高酒精度啤酒制成冲剂后，趁热（以可以忍受为限）用布浸湿包住发病部位，缠裹厚度应达一指。

霍夫曼的结果是一位姓伯丁（Burtin）的人公诸于众的。他还补充说，有两种坏疽，用维也纳药典中提到的奎宁和另外一种药膏外敷治疗都效果不佳，而霍夫曼的方法却仍是有效的。

既然欧洲接骨木有这样出色的特性，那该如何进一步发扬光大呢？它是否还具有尚未料到的某些抗细菌和真菌的美好性质呢？这种可能性的确存在。比如，有人就曾将欧洲接骨木花与苹果放在一起，结果延长了后者在冬天的储存期。

刻意玩辞藻、浪费脑细胞

舞文弄墨的风气由来已久，而且早在这个成语被创造出来之前就已经成为事实了。不知是何原因，这一风气在15和16世纪对某些巴黎人的语言产生了影响，表现之一是将"接骨木"——sureau——又叫成"续骨木"——suseau。而这个叫法还就流传下来，成为该植物的另外一种法文叫法。

欧洲接骨木与保健

人们在此树开花期间采摘盛开的部分，并在秋天将收获的熟透浆果晾干收藏。冲沏或煎煮的花特别适用于治疗肾积水和肾炎水肿，通常在饮用时应同时节食，以利于排尿和减轻消化负担。成熟的浆果是非常合用的轻泻剂。

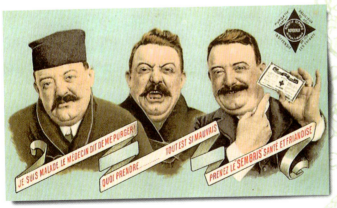

欧洲接骨木的果实为浆果，成熟时呈黑紫色，含丰富汁液。它蒸发部分水分后便成所谓"接骨木汁"，有发汗功能和轻泻效力，也可以用来当作墨水，给瓶瓶罐罐写标签什么的

椴树属
（*Tilia*）

椴树科

认知时切忌武断

古人对椴树的赞誉有些过了头，下了一些不准确的和错误的结论。在这里我们以理解的心情予以纠正。第一点是纠正长期以来对此树性别的划分。在 17 世纪之前，椴树被认为存在着两大类，且分别有一种指代；一类是所谓"雄椴"，法语叫 tei，不开花、不结果；另一类被称为"雌椴"，法语叫 tilleu，会开花和结果；"雌椴"数量居多，也更受重视。

实际上，椴树并无雄树雌树之分，就连花也是雌蕊与雄蕊都长在同一朵上。古人认为叶子较小的"雄椴"，其实是椴属的一个品种小叶椴，学名 *Tilia cordata*；因叶子较大而被认为是"雌椴"的是另外一个品种阔叶椴，学名 *Tilia platiphyllos*。这两种椴树都有药用价值。还有一种也是用于医药的，就是这两种的杂交种，通常称为欧洲椴（中国称之为西洋椴，或洋椴。——译注），学名为 *Tilia × vulgaris*。这三种药用椴与园林中用于观赏目的的其

全属共性简介
- 乔木，树高 20—30 米。
- 叶片构造精致，形状标准，具齿状边缘。
- 开两性完全花，花色浅黄，由小的花序柄和苞片组成，若干花聚成一簇（小叶椴为每 5—10 朵，阔叶椴为每 2—5 朵）。
- 花朵有浓郁蜜香。

他椴树品种不同，会在夏天发出一种令人感到放松的浓烈蜜香，吸引大群蜜蜂绕枝嗡嗡翻飞，致使罗马帝国时代的农学家科卢梅拉（Columelle）认为，在所有的野生植物中，只有椴树会给蜜蜂造成伤害。这里要纠正一下：此说法根本不沾边。

妙哉椴树叶

古代医生承认椴树有多种医用价值，但可惜未涉及其最重要的用途。此外还应加上一句，就是他们的立言明显地失于纷乱，而且往往谈的是有相类之处的其他植物。老普林尼说嚼烂的椴树叶可治儿童的口腔溃疡，达雷尚也说，用它们的叶子煮水可以治疗脓疱和口腔恶性溃疡。阿维森纳将其视为润肤与保洁之物，还有缓解疼痛及消解肿瘤的功效。这后一点未免言过其实，倒是另有他人指出椴叶水对足肿胀会有疗效。种种言过其实的报道使其施用变得艰难。17世纪时的一位法国医生瓦朗坦·安德烈·莫伦伯洛克（Valentin André Mollenbrock）便断言，将椴树叶中所含的胶浆加上蚯蚓分泌的黏液可减轻风湿病痛。德国医生奥斯瓦尔德·加贝丘弗（Oswald Gabelchover）也报告说，椴树叶的煎剂对十年以上的顽固性、开放性溃疡有一定疗效。椴树皮在中世纪也曾风光一时，这是因为宾根给心脏病患者开具掺入椴树皮粉的面包。这位德国女学者还随身戴着一枚护身符，是黄金制品，做成圆环形，

椴树油

椴树种子可以榨油，虽然出油率低，但有人觉得其质量不亚于橄榄油。此外古时的一些医生认为，用椴树的木髓部分挤压出的汁液洗头，可防止脱发并促使长出新发。

用椴树叶加果香菊叶泡茶，是居家的保健佳饮

谢谢你，椴木姑姑，你保护我们的小肚肚，还让我们睡得美呼呼

还镶有绿色宝石；护身符上有个可开闭的小盒，里面放着椴树皮和蜘蛛网。

椴树花

椴树花是文艺复兴时期才进入欧洲的药典的。由于当时医生的过甚其词和那个时期的简单化倾向，药典将椴树花以前未曾受到注意的损失大大弥补了一番。马蒂奥利说可以用它治疗种种心力衰竭。法国内科医生安托万·密泽德（Antoine Mizauld）则大力主张用蒸馏成的椴树花露水医治癫痫；一些特别坚定的信奉者甚至相信，人要是犯病了，只消躺在椴树的庞大树荫下便可痊愈。后来，那位荷兰的霍夫曼医生也告诉人们，对于所有的痉挛，无论什么原因，用椴树花沏水都能搞定。此外还有诸如治疗眩晕、婴儿四六风、疑病性神经症，等等。这样一来，椴树花便与铃兰、薰衣草、肉豆蔻、槲寄生等植物的花朵一起，被一位郎吉乌斯（Langius）医生收进了他本人撰写的《治癫痫之水》一书。

不过到头来，椴树还是没能逃脱形信号论的羁縻，一些该学说的信徒根据椴树种子以一根细长的柄与苞片相连的构造，认定这与胎儿靠脐带附着在胎盘上情况相似，便派生出将椴树花送给产妇和新生儿以示祝福，并在圣约翰节期间采集正在开放的此花以寄心愿的习俗——确为想象力逸兴遄飞的结果咧。

椴树与保健

进入 17 世纪后，人们认识到椴树其实并无治疗癫痫或癔症的功效，与通过化学研究得知的对这两类病起作用的药物间也没有关联。它们能够发挥的作用，是通过消解痉挛以对抗神经性病痛，对症肾脏和膀胱出现的泌尿问题，以及止泻和缓解偏头痛。具体应用方式，通常只需冲沏与煎煮。

登高者注意

若当有人准备登梯爬到高处干活而冒跌落危险时，请先记住这个支着儿：一旦从高处坠下导致内出血，应立即将醋洒在用椴木烧成的炭上，然后掺上小龙虾胃内生成的钙颗粒喂伤者服下，便可使血块呕出而不至凝结在胃内。

Le Tilleul

法国东南部卡庞特拉（Carpentras）一带为阿尔卑斯山区的低坡地段，这里生长着一种椴树，人们通常称之为卡庞特拉椴。此种椴树开花时节的气候偏干燥。经实验室条件下以老鼠为对象的研究证实，此时采集来的花和嫩枝条，既有抑制焦虑的镇静作用，又可通过影响肝脏和胆囊的分泌，使解痉挛效果得到双重加强。

写到这里，我们以对椴树茶的赞美作为本"药草颂"的收束吧："正因为如此，社会各阶层的人都离不开它：无论是绷紧神经在乱哄哄的人群里应酬得虚火上升的社交名媛，还是辛苦劳作了一天后，晚上回到自己烟熏火燎茅屋的农夫，或者点灯熬油苦思冥想得头昏脑涨的学者，都会在饮下这种香气馥郁的茶后重新振作起来。"

用椴树矫形

古人也将木质柔软的椴树引进了外科矫形领域。据说，公元前5世纪的希腊诗人赛内西亚斯（Cinésias）严重驼背，于是便套上以椴木制成的类似紧身衣的胸甲，以帮助他挺直站立，为此还被阿里斯托芬（Aristophane）写进其喜剧《鸟》中，揶揄此公为"椴中人"。公元2世纪的罗马皇帝安东尼·彼乌斯（Antonin le Pieux）在年迈时，也曾穿上类似的器件遮掩自己衰老佝偻的身躯。

不知这样一株几百年树龄的椴树，能够贡献出多少杯药草茶来

法国2008年规定无须医生处方的药草名单
（按词条的汉语拼音排序）

简写字母的含义：T表示天然，F表示加工成粉状，J表示加水制成的浸剂（包括冲沏、煎煮和长时间浸泡）

A
阿拉伯胶树：学名*Acacia senegal*，豆科，金合欢属；以及其他原产非洲的同属植物。（树脂）。- T, F, J

B
八角：学名*Illicium verum*，木兰科，八角属。（整果实）- T
巴拉圭冬青：学名*Ilex paraguariensis*，冬青科，冬青属。（叶子）- T, J
百里香属中的两种：学名*Thymus vulgaris, Thymus zygis*，唇形科。（叶子，花序体的花群部分）- T, F
百叶蔷薇：学名*Rosa centifolia*，蔷薇科，蔷薇属。（花蕾，花瓣）- T
绊根草：学名*Cynodon dactylon*，禾本科，狗牙根属。（根茎）- T
扁桃：学名*Prunus dulcis*，蔷薇科，李属。（种子）- T, F
冰岛地衣：学名*Cetraria islandica*，梅衣科，岛衣属。（菌体）- T

C
茶树：学名*Camellia sinensis*，山茶科，山茶属。（叶子）- T, J
长角豆：学名*Ceratonia siliqua*，豆科，长角豆属。（种胶）- T, F
长辣椒：学名*Capsicum frutescens*，茄科，辣椒属。（果实）- T, F
车轴草：学名*Galium odoratum*，茜草科，拉拉藤属。（地上部分）- T
梣属中的两种：学名*Fraxinus excelsior, Fraxinus oxyphylla*，木樨科。（叶子）- T
橙香木：学名*Aloysia citrodora*，马鞭草科，橙香木属。（叶子）- T
刺红花：学名*Carthamus tinctorius*，菊科，红花属。（花朵）- T
刺五加：学名*Acanthopanax senticosus*[1]，五加科，五加属。（地下部分）- T
翠叶芦荟：学名*Aloe barbadensis*，百合科，芦荟属。（胶浆）- T, F

D
大蒜芥：学名*Sisymbrium alliara*，十字花科，大蒜芥属。（全株）- T, F
冬香薄荷：学名*Satureja montana*，唇形科，塔花属。（叶子，花序体的花群部分）- T, F
短柄野芝麻：学名*Lamium album*，唇形科，野芝麻属。（花瓣，花序体的花群部分）- T
椴树属中的三种：学名*Tilia platyphyllos, Tilia cordata, Tilia × vulgaris*，椴树科。（嫩枝条，花序体）- T

F
法国蔷薇：学名*Rosa gallica*，蔷薇科，蔷薇属。（花蕾，花瓣）- T
番红花：学名*Crocus sativus*，鸢尾科，番红花属。（雌蕊的柱头）- T, F
番木瓜：学名*Carica papaya*，番木瓜科，番木瓜属。（果汁，叶子）- T, F（得自果汁）

G
高良姜：学名*Alpinia officinarum*，姜科，山姜属。（根茎）- T, F
葛缕子：学名*Carum carvi*，伞形科，葛缕子属。（果实）- T, F
瓜儿豆：学名*Cyamopsis tetragonoloba*，豆科，瓜儿豆属。（种胶）- T, F, J
呱呱拉：学名*Paullinia cupana*，无患子科，醒神藤属。（种子，种子提取物）- T, F（仅限种子提取物）
光果甘草：学名*Glycyrrhiza glabra*，豆科，甘草属。（根茎）- T, F, J
果香菊：学名*Chamaemelum nobile*，菊科，果香菊属。（花序部分）- T

H
海带属中的两种：学名*Laminaria digitata, Laminaria cloustonii*，海带科。（菌柄与菌体）- T, J（菌体）
旱金莲：学名*Tropaeolum majus*，旱金莲科，旱金莲属。（叶子）- T
旱芹：学名*Apium graveolens*，伞形科，芹属。（全株）- T, F

---

1 原文为*Eleutherococcus senticosus*，而它在《中国植物志》上只为曾用名，故改为此资料中给出的现用学名*Acanthopanax senticosus*。——译注

黑果越橘：学名 *Vaccinium myrtillus*，杜鹃花科，越橘属。（叶子，果实）- T
黑加仑：学名 *Ribes nigrum*，虎耳草科[1]，茶藨子属。（叶子、果实）- T
黑麦：学名 *Secale cereale*，禾本科，黑麦属。（果实，麸皮）- T, F
红百金花：学名 *Centaurium erythraea*，龙胆科，百金花属。（花序体的花群部分）- T
红豆蔻：学名 *Alpinia galanga*，姜科，山姜属。（根茎）- T, F
胡卢巴：学名 *Trigonella foenum-graecum*，豆科，胡卢巴属。（种子）- T, F
花梣：学名 *Fraxinus ornus*，木樨科，梣属。（树汁）- T, F
黄葵：学名 *Hibiscus abelmoschus*，锦葵科，木槿属。（种子）- T, F
黄龙胆：学名 *Gentiana lutea*，龙胆科，龙胆属。（地下部分）- T, F
茴芹：学名 *Pimpinella anisum*，伞形科，茴芹属。（果实）- T, F
茴香：学名 *Foeniculum vulgare*，伞形科，茴香属。（果实）- T, F

J

姜：学名 *Zingiber officinale*，姜科，姜属。（根茎）- T, F
姜黄：学名 *Curcuma longa*，姜科，姜黄属。（根茎）- T, F
胶黄耆：学名 *Astragalus gummifer*，（西亚的若干种同属物种也包括在内），豆科，黄耆属。（所分泌胶质）- T, F, J
芥菜：学名 *Brassica juncea*，十字花科，芸薹属。（种子）- T, F
堇菜属中的三种：学名 *Viola calcarata, Viola lutea, Viola odorata*，堇菜科。（花朵）- T
菊蒿：学名 *Chrysanthemum balsamita*，菊科，筒蒿属。（叶子，花序体的花群部分）- T
菊苣：学名 *Cichorium intybus*，菊科，菊苣属。（叶子，根部）- T

K

柯巴脂树：学名 *Copaifera officinalis*，豆科，柯巴脂属。（树脂中的油分）- T
可乐果属中的两种：学名 *Cola acuminata, Cola nitida*，锦葵科。（种仁）- T, F
宽叶薰衣草：学名 *Lavandula latifolia*，唇形科，薰衣草属。（花序体的花群部分）- T

L

腊肠树：学名 *Cassia fistula*，豆科，决明属。（果肉）- T
辣薄荷：学名 *Mentha × piperita*，唇形科，薄荷属。（叶子，花序体的花群部分）- T
辣根：学名 *Armoracia rusticana*，十字花科，辣根属。（根部）- T, F
蓝桉：学名 *Eucalyptus globulus*，桃金娘科，桉属。（叶子）- T
留兰香：学名 *Mentha spicata*，唇形科，薄荷属。（叶子，花序体的花群部分）- T
琉璃苣：学名 *Borago officinalis*，紫草科，琉璃苣属。（花朵）- T
龙蒿：学名 *Artemisia dracunculus*，菊科，蒿属。（茎与叶）- T, F
鹿角菜：学名 *Chondrus crispus*，杉藻科，角叉菜属。（菌体）- T
罗勒：学名 *Ocimum basilicum*，唇形科，罗勒属。（叶子）- T, F
萝卜：学名 *Raphanus sativus*，十字花科，萝卜属。（根部）- T

M

毛蕊：学名 *Verbascum thapsus*，玄参科，毛蕊花属。（花瓣）- T
玫瑰茄：学名 *Hibiscus sabdariffa*，锦葵科，木槿属。（花萼）- T
迷迭香：学名 *Rosmarinus officinalis*，唇形科，迷迭香属。（叶子，花序体的花群部分）- T, F
墨角兰：学名 *Origanum majorana*，唇形科，牛至属。（叶子，花序体的花群部分）- T, F
墨角藻：学名 *Fucus vesiculosus*，墨角藻科，岩藻属。（菌体）- T, F
母菊：学名 *Matricaria recutita*，菊科，母菊属。（花序部分）- T

N

南欧丹参：学名 *Salvia sclarea*，唇形科，鼠尾草属。（叶子，花序体的花群部分）- T, F
柠檬草：学名 *Cymbopogon citratus*，禾本科，香茅属。（叶子）- T, F

---

1 原文为茶藨子科，此译本按《中国植物志》的分类结果给出。——译注

牛蒡：学名*Arctium lappa*，菊科，牛蒡属。（叶子，根部）- T

牛至：学名*Origanum vulgare*，唇形科，牛至属。（叶子，花序体的花群部分）- T, F

欧白芷：学名*Angelica archangelica*，伞形科，当归属。（果实）- T, F

欧当归：学名*Levisticum officinale*，伞形科，欧当归属。（叶子，果实，地下部分）- T, F

欧活血丹：学名*Glechoma hederacea*，唇形科，活血丹属。（地上部分）- T

欧锦葵：学名*Malva sylvestris*，锦葵科，锦葵属。（叶子，花朵）- T

欧荨麻：学名*Urtica urens*，荨麻科，荨麻属。（茎与叶）- T

欧亚羽衣草：学名*Alchemilla vulgaris*，蔷薇科，羽衣草属。（地上部分）- T

欧洲赤松：学名*Pinus sylvestris*，松科，松属。（幼芽）- T

欧洲刺柏：学名*Juniperus communis*，柏科，刺柏属。（浆果即杜松子）- T

欧洲接骨木：学名*Sambucus nigra*，忍冬科，接骨木属。（花朵，果实）- T

欧洲李：学名*Prunus domestica*，蔷薇科，李属。（果实）- T

泡叶藻：学名*Ascophyllum nodosum*，墨角藻科，囊叶藻属。（菌体）- T, F, J

苹婆属中的两种：学名*Sterculia urens, Sterculia tomentosa*，梧桐科。（黏性渗液）- T, F, J

葡萄：学名*Vitis vinifera*，葡萄科，葡萄属。（叶子）- T

蒲桃丁香：学名*Syzygium aromaticum*，桃金娘科，蒲桃属。（花蕾）- T, F

普通小麦：学名*Triticum aestivum*，禾本科，小麦属。（麸皮）- T, F

千叶蓍：学名*Achillea millefolium*，菊科，蓍属。（花序体的花群部分）- T

蔷薇属中的若干种：学名*Rosa canina, Rosa pendulina*等，蔷薇科。（附果）- T

曲序香茅：学名*Cymbopogon flexuosus*，禾本科，香茅属。（叶子）- T, F

人参：学名*Panax ginseng*，五加科，人参属。（地下部分）- T, F, J

肉豆蔻：学名*Myristica fragrans*，肉豆蔻科，肉豆蔻属。（种子的种皮与种仁）- T, F

撒尔维亚：学名*Salvia officinalis*，唇形科，鼠尾草属。（叶子）- T

三色堇：学名*Viola tricolor*，堇菜科，堇菜属。（地上部分）- T

森林苹果：学名*Malus sylvestris*，蔷薇科，苹果属。（果实）- T

山地石楠：学名*Erica cinerea*，杜鹃花科，欧石楠属。（花朵）- T

山楂属中的两种：学名*Crataegus laevigataoir, Crataegus monogyna*，蔷薇科。（果实）- T

蛇麻草：学名*Humulus lupulus*，桑科，葎草属。（雌花）- T

莳萝：学名*Anethum graveolens*，伞形科，莳萝属。（果实）- T, F

蜀葵：学名*Althaea rosea*，锦葵科，蜀葵属。（花朵）- T

睡菜：学名*Menyanthes trifoliata*，龙胆科，睡菜属。（叶子）- T

酸橙：学名*Citrus aurantium*，芸香科，柑橘属。（叶子，花朵，果皮）- T, F（果皮）

酸豆：学名*Tamarindus indica*，豆科，酸豆属。（果肉）- T, F

酸浆：学名*Physalis alkekengi*，茄科，酸浆属。（果实）- T

蒜：学名*Allium sativum*，百合科，葱属。（鳞茎）- T, F

笋瓜：学名*Cucurbita maxima*，葫芦科，南瓜属。（种子）- T

甜橙：学名*Citrus sinensis*，芸香科，柑橘属。（果皮）- T, F

突厥蔷薇：学名*Rosa damascena*，蔷薇科，蔷薇属。（花蕾，花瓣）- T

土木香：学名*Inula helenium*，菊科，旋覆花属。（根部）- T, F

无花果：学名*Ficus carica*，桑科，榕属。（附果）- T

西班牙鼠尾草：学名*Salvia lavandulifolia*，唇形科，鼠尾草属。（叶子，花序体的花群部分）- T, F

西班牙薰衣草：学名*Lavandula stoechas*，唇形科，薰衣草属。（花朵，花序体的花群部分）- T

西葫芦：学名*Cucurbita pepo*，葫芦科，南瓜属。（种子）- T

希腊鼠尾草：学名*Salvia fruticosa*，唇形科、鼠尾草属。（叶子）- T, F
锡兰肉桂：学名*Cinnamomum zeylanicum*，樟科、樟属。（树皮）- T, F
细叶糙果芹：学名*Carum copticum*；伞形科、葛缕子属。（种子）- T, F
狭叶薰衣草：学名*Lavandula angustifolia*，唇形科、薰衣草属。（花朵，花序体的花群部分）- T
夏香薄荷：学名*Satureja hortensis*，唇形科、塔花属。（叶子，花序体的花群部分）- T, F
香蜂花：学名*Melissa officinalis*，唇形科、蜜蜂花属。（叶子，花序体的花群部分）- T
香桃木：学名*Myrtus communis*，桃金娘科、香桃木属。（叶子）- T
小豆蔻：学名*Elettaria cardamomum*，姜科、绿豆蔻属。（果实）- T, F
醒目薰衣草：学名*Lavandula × intermedia*，唇形科、薰衣草属。（花朵，花序体的花群部分）- T
悬钩子属中的若干种：学名*Rubus spp.*，蔷薇科。（叶子）- T
旋果蚊子草：学名*Filipendula ulmaria*，蔷薇科、蚊子草属。（叶子，花序体的花群部分）- T
亚麻：学名*Linum usitatissimum*，亚麻科、亚麻属。（种子）- T, F
亚洲百里香：学名*Thymus serpyllum*，唇形科、百里香属。（叶子，花序体的花群部分）- T, F
岩荠：学名*Cochlearia officinalis*，十字花科、岩荠属。（叶子）- T
岩岩海菜：学名*Crithmum maritimum*，伞形科、海崖芹属。（地上部分）- T
偃麦草：学名*Elytrigia repens*，禾本科、偃麦草属。（根茎）- T
燕麦：学名*Avena sativa*，禾本科、燕麦属。（果实）- T, F
洋菜：石花菜属、麒麟菜属和江蓠属中的各一种，均属麒麟菜科。（胶浆）- T, F
药蜀葵：学名*Althaea officinalis*，锦葵科、蜀葵属。（叶子，花朵，地下部分）- T, F（地下部分）
药水苏：学名*Betonica officinalis*，唇形科、药水苏属。（叶子）- T
药用蒲公英：学名*Taraxacum officinale*，菊科、蒲公英属。（根、茎与叶）- T
野堇菜：学名*Viola arvensis*，堇菜科、堇菜属。（花朵）
异株荨麻：学名*Urtica dioica*，荨麻科、荨麻属。（茎与叶）- T
樱桃属中的两种：学名*Cerasus vulgaris*，*Cerasus avium*[1]，蔷薇科。（果柄）- T
油橄榄：学名*Olea europaea*，木樨科、木樨榄属。（叶子）- T
虞美人：学名*Papaver rhoeas*，罂粟科、罂粟属。（花瓣）- T
玉桂：学名*Cinnamomum cassia*，樟科、樟属。（树皮）- T, F
芫荽：学名*Coriandrum sativum*，伞形科、芫荽属。（果实）- T, F
月桂：学名*Laurus nobilis*，樟科、月桂属。（叶子）- T, F
枣树：学名*Ziziphus jujuba*，鼠李科、枣属。（果肉）- T
皂荚属中的两种：学名*Gleditsia triacanthos, Gleditsia ferox*，豆科。（种子）- T, F, J
爪哇姜：学名*Curcuma xanthorrhiza*，姜科、姜黄属。（根茎）- T

---

[1] 原文为 *Prunus cerasus* 和 *Prunus avium*，并划归李属，现根据《中国植物志》改划为新属名，并给出相应的新学名。——译注

术语表

按汉语拼音排序，并加附各个术语法文原文按字母顺序的对应表

中文

鼻窦炎：人鼻周围四对空腔中的一处或多处的炎症或感染

草药医学：基于植物、动物、矿物及其提取物作为药物的研究学科

芳香疗法：使用植物的芳香提取物（香精和精油）达到治疗效果的医疗学实践；与直接利用植物本身的草药学实践有所不同

肝胆系统疾病：由肝分泌出并储存在胆囊内、再经胆管注入小肠以助消化的系统发生的种种障碍与不适

肝炎：各种急性和慢性肝脏炎症的统称

肝硬化：由多次生化反应引起的肝脏疾病之一，通常致因为酗酒或肝炎病毒

含漱：使某种液体反复冲刷口腔和/或咽部后吐出

黄疸：皮肤和结膜等组织颜色发黄，为肝脏功能失常的表象之一，系因血液中胆红素（血红蛋白的分解产物）浓度增加所致

煎煮：将物质浸在水中保持沸腾状态，以使其中有治病效力或者芳香成分的部分得以释放的过程

健胆药：供胆囊功能不健全者服用的物质

解痉挛剂、解痉剂：对负责肌肉收缩的神经冲动起作用，从而使其放松的药物

静脉壁功能增进剂：增加静脉血管强度与弹性的药物

抗高血压药物：可导致动脉血液流动时作用于单位面积血管壁的侧压力下降的物质

抗炎性：具有减轻或消除器官炎症的效力

溃疡：组织表面部分受损的情况，通常发生在器官内壁，特别是消化器官或皮肤上的黏膜部分，并可能向内发展形成病变

利胆药：能够促进胆汁分泌的物质

利尿剂：会促成尿液生成和/或增加尿液分泌的药物

黏体液稀释剂：使黏膜分泌的黏稠成分较易流动的药物

排毒：去除血液内有碍健康的成分

膀胱炎：储尿器官发生的肿胀、热觉、痛感和功能障碍

皮肤接触过敏：接触动物或植物造成的刺痛、烧灼或剧痒。碰到荨麻刺毛的感觉即为一例

驱虫药：除灭肠道寄生虫的物质

驱风草药：减少肠道和胃肠气体体积，并促进排出的植物和植物制品

祛痰药：促进咽部和支气管分泌物排出的物质

润肤剂：舒缓皮肤和黏膜处炎症的处敷药物

神经痛：神经系统原因导致的疼痛状况

升压药：可导致动脉血液流动时作用于单位面积血管壁的侧压力升高的物质

收敛剂：具有使组织、微血管和孔口收缩，且同时可能减少分泌物之功能的物质

水肿：血管外的组织间隙中有过多的体液积聚，发生于全身时多为充血性心力衰竭导致

调经药、通经药：能够提高妇女月信质量的药物

退烧药：用于对症和治疗体温高于正常水平的物质

吞气症：吞咽时将大量空气摄入消化系统的生理现象

消毒剂：能够杀死细菌或阻止它们发育的药物

哮喘：指呼吸时有困难的表现，系因下呼吸道，特别是支气管的疾病引起

泻药：用以促成排便的物质

兴奋剂：能够增强神经反应能力、加快血液循环和造成愉悦感的药物

熏蒸：使全部或部分身体暴露于烟雾和/或蒸汽环境

芽胚疗法：草药医学实践的一支，利用植物的新生和幼嫩部分预防和治疗疾病

镇静剂：可以减少和调节神经活动的物质

镇咳剂：能够抑制咳嗽、缓和咽部不适的药物

镇痛剂：医疗实践中用于治疗患者痛感的药物

止泻：通过吸收、收敛、消毒或放缓肠道活动等方式遏制水便

止血：使血液不再从循环系统流出

法文

Aérophagie	参看 吞气症
Antalgique	参看 镇痛剂
Antidiarrhéique	参看 止泻
Anti-inflammatoire	参看 抗炎性
Antiseptique	参看 消毒剂
Antispasmodique	参看 解痉挛剂、解痉剂
Antitussif	参看 镇咳剂
Aromathérapie	参看 芳香疗法
Asthme	参看 哮喘
Astringent	参看 收敛剂
Béchique	同 *Antitussif*
Calmant	参看 镇静剂
Carminatif	参看 驱风草药
Cholagogue	参看 利胆药
Cholérétique	参看 健胆药
Cirrhose	参看 肝硬化
Cystite	参看 膀胱炎

Décoction	参看煎煮	Hypotenseur	参看抗高血压药物
Dépuratif	参看排毒	Ictère	参看黄疸
Diurétique	参看利尿剂	Laxatif	参看泻药
Emménagogue	参看调经药、通经药	Mucolytique	参看黏体液稀释剂
Émollient	参看润肤剂	Névralgie	参看神经痛
Expectorant	参看祛痰药	Phytothérapie	参看草药医学
Fébrifuge	参看退烧药	Sinusite	参看鼻窦炎
Fumigation	参看熏蒸	Stimulant	参看兴奋剂
Gargarisme	参看含漱	Troubles hépato-biliaires	参看肝胆系统疾病
Gemmothérapie	参看芽胚疗法		
Hémostatique	参看止血	Ulcération	参看溃疡
Hépatite	参看肝炎	Urticant	参看皮肤接触过敏
Hydropisie	参看水肿	Veinotonique	参看静脉壁功能增进剂
Hypertenseur	参看升压药	Vermifuge	参看驱虫药

作者简介

塞尔日·沙（Serge Schall），1958 年出生于法国马赛（Marseille）。曾任某体外受精实验室主任，后为某苗圃的商务主管。他决定向公众提供他的知识，从那以后，他便与几家报纸的园艺专栏长期合作，并不断地撰写有关植物和园艺的书籍，迄今已出版近 20 部著述。

他给胡萝卜缨出版社[1]写过如下的读物：

《菜园小忆》De mémoire de potagers

《果园小忆》De mémoire de vergers

《提供饮料的植物》Plantes à boire

《菜园的故事》Histoires de potagers

《果园的故事》Histoires de vergers

《芳香植物》Plantes à parfum

《番茄》Tomates

《大麻与大麻花》Chanvre et Cannabis

《甜蜜的植物》Plantes à bonbons

《葡萄》Raisins

《油橄榄》Oliviers

《如何轻松地让你的园圃获得更有效的产出》Comment louper son jardin sans complexe

《如何拯救被石油污染戕害的鸟类》Comment recycler les oiseaux mazouté

他还是《珍奇之地》文库的策划人。

---

[1] Plume de carotte，为法国一家面向园艺的出版社。该社的读物上都印有喜欢吃胡萝卜缨的小兔的形象。——译注

《La Petite pharmacie naturelle》by Serge Schall
© 2015, Editions Plume de Carotte (France)
Current Chinese translation rights arranged through Divas International, Paris
巴黎迪法国际版权代理（www.divas-books.com）

Simplified Chinese Copyright © 2021 by SDX Joint Publishing Company.
All Rights Reserved.

本作品简体中文版权由生活·读书·新知三联书店所有。
未经许可，不得翻印。

图书在版编目（CIP）数据

药用植物／（法）塞尔日·沙著；石贝译. —北京：生活·读书·新知三联书店，2021.4
（植物文化史）
ISBN 978-7-108-07052-4

Ⅰ.①药… Ⅱ.①塞… ②石… Ⅲ.①药用植物-普及读物
Ⅳ.① S567-49

中国版本图书馆 CIP 数据核字（2021）第 005726 号

策划编辑	张艳华
责任编辑	徐国强
装帧设计	刘　洋
责任校对	陈　明
责任印制	徐　方
出版发行	生活·讀書·新知 三联书店
	（北京市东城区美术馆东街22号 100010）
网　址	www.sdxjpc.com
图　字	01-2019-1011
经　销	新华书店
印　刷	天津图文方嘉印刷有限公司
版　次	2021年4月北京第1版
	2021年4月北京第1次印刷
开　本	720毫米×1020毫米 1/16 印张10
字　数	100千字 图219幅
印　数	0,001-6,000 册
定　价	68.00元

（印装查询：01064002715；邮购查询：01084010542）